高等院校 EDA 系列教材

LabVIEW 虚拟仪器技术及应用

李江全　编著

机械工业出版社

本书从实际应用出发，系统地介绍了虚拟仪器软件 LabVIEW 的程序设计方法及其测控应用技术。全书共 9 章，首先介绍 LabVIEW 程序设计的基本知识，包括虚拟仪器的含义和特点、组成和构成方式、软件结构与开发平台；LabVIEW 的特点及应用，LabVIEW 2015 中文版的编程环境，LabVIEW 中的基本概念，VI 前面板设计；LabVIEW 的数据操作、流程控制、变量、节点、图形显示及文件 I/O 等；然后采用 LabVIEW 实现智能仪器、远程 I/O 模块和数据采集卡的串口通信及测控功能。各章每个知识点都安排相应的实例，通过操作训练使学生轻松掌握虚拟仪器技术。

本书内容丰富，讲解深入浅出，有较强的实用性和可操作性，可供测控仪器、工业控制、自动化、机电等专业学生及工程技术人员学习和参考。

图书在版编目（CIP）数据

LabVIEW 虚拟仪器技术及应用 / 李江全编著. —北京：机械工业出版社，2018.9（2023.8 重印）

高等院校 EDA 系列教材

ISBN 978-7-111-61476-0

Ⅰ. ①L… Ⅱ. ①李… Ⅲ. ①软件工具－程序设计－高等学校－教材 Ⅳ. ①TP311.56

中国版本图书馆 CIP 数据核字（2019）第 028908 号

机械工业出版社（北京市百万庄大街 22 号 邮政编码 100037）
策划编辑：尚 晨 责任编辑：尚 晨
责任校对：张艳霞 责任印制：单爱军

北京虎彩文化传播有限公司印刷

2023 年 8 月第 1 版·第 5 次印刷
184mm×260mm·15 印张·363 千字
标准书号：ISBN 978-7-111-61476-0
定价：49.00 元

前　　言

虚拟仪器是现代计算机技术、通信技术和测量技术相结合的产物，是对传统仪器观念的一次巨大变革，它的出现使测试技术进入一个全新的发展阶段。虚拟仪器既有传统仪器的特征，又有一般仪器不具备的特殊功能，在实际应用中表现出传统仪器无法比拟的优势，可以说虚拟仪器是测控系统的关键组成部分。

作为测试工程领域的强有力工具，近年来，由美国国家仪器公司（National Instruments，NI）开发的虚拟仪器软件 LabVIEW 得到了业界的普遍认可，在测试系统分析、设计和研究方面得到广泛应用。

LabVIEW 的全称是实验室虚拟仪器工程平台（Laboratory Virtual Instrument Engineering Workbench），是一种基于 G 语言（Graphics Language，图形化编程语言）的测试系统软件开发平台。它采用了工程人员熟悉的术语、图标等图形化符号来代替常规基于文字的语言程序，把复杂、烦琐、费时的语言编程简化成选择功能图标，并用线条把各种功能图标连接起来的简单图形编程方式。利用 LabVIEW，用户可通过定义和连接代表各种功能模块的图标，方便迅速地创建虚拟仪器。

本书从实际应用出发，系统地介绍了虚拟仪器软件 LabVIEW 2015 中文版的程序设计方法及其测控应用技术。首先介绍 LabVIEW 程序设计的基本知识，包括虚拟仪器的含义和特点、组成和构成方式、软件结构与开发平台；LabVIEW 的特点及应用，LabVIEW 的编程环境，LabVIEW 中的基本概念，VI 前面板设计；LabVIEW 的数据操作、流程控制、变量、节点、图形显示及文件 I/O 等；然后采用 LabVIEW 实现智能仪器、远程 I/O 模块和数据采集卡的串口通信及测控功能。

本书各章每个知识点都安排相应的实例，各实例项目由学习目标、设计任务和任务实现等部分组成。每个实例都有详细完整的操作步骤，读者只需按照给定的步骤进行操作，就可完成设计任务，使学生轻松掌握虚拟仪器基本设计方法及其测控应用技术。

本书内容丰富，讲解深入浅出，有较强的实用性和可操作性，可供测控仪器、工业控制、自动化、机电等专业学生及工程技术人员学习和参考。

本书由石河子大学李江全教授编著。北京研华科技股份有限公司等为本书提供了大量的技术支持，在此对他们致以深深的谢意。

由于编者水平有限，书中难免存在不妥之处，恳请广大读者批评指正。

编者

目 录

第1章　虚拟仪器概述

虚拟仪器是用通用计算机硬件和软件来仿真传统测量仪器的设备，是一种以测量、分析、显示为主，控制为辅的更加先进的科学仪器，它为仪器的测量分析带来了更加辉煌的未来。虚拟仪器技术是计算机测控技术的重要分支。

1.1　虚拟仪器含义与特点

1.1.1　虚拟仪器的产生

测量仪器发展至今，大体可分为四个阶段：模拟仪器、数字仪器、智能仪器和虚拟仪器。

模拟仪器，以电磁感应基本定律为基础的指针式仪器仪表。其基本结构是电磁机械式的，借助指针来显示最终结果，如指针式万用表、晶体管电压表等。

数字仪器，将模拟信号的测量转化为数字信号测量，并以数字方式输出最终结果，适用于快速响应和较高准确度的测量，如数字电压表、数字频率计等。

智能仪器，内置微处理器，既能进行自动测试又具有一定的数据处理功能。智能仪器的功能模块以硬件和固化的软件形式存在，对用户而言，无论在开发还是应用上，都缺乏灵活性。

虚拟仪器（Virtual Instrument，VI）是由美国国家仪器公司（National Instruments，NI）提出的，其基本思想是：用计算机资源取代传统仪器中的输入、处理和输出等部分，实现仪器硬件核心部分的模块化和最小化；用计算机软件和仪器软面板实现仪器的测量和控制功能。

虚拟仪器的发展大致可分为三个阶段：

第一阶段是利用计算机来增强传统仪器的功能。通用接口总线 GPIB 标准的确立，使计算机与外部仪器通信成为可能，因此把传统的仪器通过串行接口和计算机连接起来后就可以用计算机控制仪器了。

第二阶段主要在功能硬件上实现了两大技术进步。其一是插入计算机总线槽上的数据采集卡的出现，其二是 VXI 仪器总线标准的确立，这些新技术的应用奠定了虚拟仪器硬件的基础。

第三阶段形成了虚拟仪器体系结构的基本框架。主要是由于采用面向对象的编程技术构筑了几种虚拟仪器的软件平台，并逐渐成为标准的软件开发工具。

虚拟仪器是现代计算机软、硬件技术和测量技术相结合的产物，是传统仪器观念的一次巨大变革，是将来仪器发展的一个重要方向。

1.1.2 虚拟仪器的概念

所谓虚拟仪器，就是在以计算机为核心的硬件平台上，其功能由用户设计和定义，具有虚拟面板，其测试功能由测试软件实现的一种计算机仪器系统。

虚拟仪器是一种概念仪器，迄今为止，业界对它还没有一个明确的国际标准和定义。虚拟仪器实际上就是一种基于计算机的自动化测试仪器系统。业界一般认为，所谓虚拟测量仪器，就是采用计算机开放体系结构取代传统的单机测量仪器，对各种各样的数据进行计算机处理、显示和存储的测量仪器。

虚拟仪器的实质是利用计算机显示器的显示功能来模拟传统仪器的控制面板，以多种形式表达输出检测结果；利用计算机强大的软件功能实现信号数据的运算、分析和处理；利用I/O 接口设备完成信号的采集、测量与调试，从而完成各种测试功能的一种计算机仪器系统。使用者利用鼠标或键盘操作虚拟面板，就如同使用一台专用测量仪器一样。因此，虚拟仪器的出现，使测量仪器与计算机的界限模糊了。

虚拟仪器的"虚拟"两字主要包含以下两方面的含义：

（1）虚拟仪器的面板是虚拟的

虚拟仪器面板上的各种"图标"与传统仪器面板上的各种"器件"所完成的功能是相同的。由各种开关、按钮、显示器等图标实现仪器电源的"通""断"；被测信号的"输入通道""放大倍数"等参数的设置，及测量结果的"数值显示""波形显示"等。

传统仪器面板上的器件都是"实物"，而且是由"手动"和"触摸"进行操作的；虚拟仪器前面板是外形与实物相像的"图标"，每个图标的"通""断""放大"等动作通过用户操作计算机鼠标或键盘来完成。因此，设计虚拟仪器前面板就是在前面板设计窗口中摆放所需的图标，然后对图标的属性进行设置。

（2）虚拟仪器测量功能是通过对图形化软件流程图的编程来实现的

虚拟仪器是在以 PC 为核心组成的硬件平台支持下，通过软件编程来实现仪器的测量功能的。因为可以通过不同测试功能软件模块的组合来实现多种测试功能，所以在硬件平台确定后，就有"软件就是仪器"的说法。这也体现了测试技术与计算机深层次的结合。

虚拟仪器概念是为了适应 PC 卡式仪器而提出的。众所周知，传统仪器主要包括三个部分：数据采集与控制、数据分析和处理、数据显示。而 PC 卡式仪器由于自身不带仪器面板，有的甚至不带微处理器，因此必须借助于 PC 作为其数据分析与显示的工具，利用PC 机强大的图形环境建立图形化的虚拟仪器面板，完成对仪器的控制、数据分析与显示。这种包含实际仪器使用、操作信息的软件与 PC 结合构成的仪器，就称之为虚拟仪器。或者说，虚拟仪器是指具有虚拟仪器面板的 PC 仪器，它由 PC、一系列功能化硬件模块和控制软件组成。

要注意到"Virtual"一词通常被译成"虚拟"，在测控仪器领域，"Virtual"不仅仅指用计算机去虚拟各种传统仪器的面板，"Virtual"还有"实质上的""实际上的""有效的"和"似真的"的含义，完全不同于虚拟现实中的虚拟人、虚拟太空、虚拟海底、虚拟建筑等非"实际"的概念，测控仪器强调的是"实"而不是"虚"。因此，在研究与发展虚拟仪器技术时，要注重利用计算机的软硬件技术实现测控仪器的特点和功能，而不能仅强调虚拟的、只是视觉上的内容，要强调面向测控领域快速有效地解决实际问题。

1.1.3 虚拟仪器的特点

传统的测量仪器基本上是以硬件形式或固化的软件形式存在,测量仪器只能由制造商来定义与设计,因而其灵活性和适应性较差。

在实验室、生产车间和户外现场,为完成某项测试和维修任务,通常需要许多仪器,如信号源、示波器、频谱分析仪等。由于众多的仪器构成的测试系统,价格昂贵,体积庞大,连接和操作复杂,测试效率低,虚拟仪器应运而生。

与传统测量仪器相比,虚拟仪器的设计理念、系统结构和功能定位方面都发生了根本性的变化。概括地说,虚拟仪器主要有以下特点:

1)软件是虚拟仪器的核心。虚拟仪器的硬件确立后,它的功能主要是通过软件来实现的,软件在虚拟仪器中具有重要的地位。借助于一台通用数据采集系统(或板卡),用户可以通过软件构造任意功能的仪器,软件变成了构建仪器的核心,因此美国国家仪器公司(NI)曾提出一个著名的口号"软件就是仪器"。

2)虚拟仪器的性价比高。一方面,虚拟仪器能同时对多个参数进行实时高效的测量,同时,由于信号的传送和数据的处理几乎都是靠数字信号或软件来实现的,所以大大降低了环境干扰和系统误差的影响。另一方面,用户也可以随时根据需要调整虚拟仪器的功能,这缩短了仪器在改变测量对象时的更新周期。此外,采用虚拟仪器还可以减少测试系统的硬件环节,从而降低系统的开发成本和维护成本,因此,使用虚拟仪器比传统仪器更经济。

3)虚拟仪器的出现缩小了仪器厂商与用户之间的距离。虚拟仪器使得用户能够根据自己的需要定义仪器功能,而不像传统仪器那样,受到仪器厂商的限制,出现厂商提供的仪器功能与用户要求不相符的情况。利用虚拟仪器,用户可以组建更好的测试系统,并且更容易增强系统的功能。

4)扩展性强。NI 公司的软、硬件工具使得工程师和科学家不再局限于当前的技术。得益于 NI 软件的灵活性,只需更新用户的计算机或测量硬件,就能以最少的硬件投资和极少的、甚至无须软件上的升级即可改进用户的整个系统。

5)虚拟仪器具有良好的人机界面。在虚拟仪器中,测量结果是通过软件在计算机显示器上生成的,与传统仪器面板相似的图形界面由软面板来实现。因此,用户可根据自己的爱好,通过编制软件来定义他所喜爱的面板形式。

6)通过软、硬件的升级,可以方便地提升测试系统的能力和水平。更可贵的是,用户可以运用通用的计算机语言和软件,诸如 C++、Visual Basic、LabVIEW、LabWindows/CVI 等,扩充、编写软件,从而使虚拟仪器技术更适应、更符合用户自己测试工作的特殊需求。

7)虚拟仪器具有和其他设备互联的能力。如和 VXI 总线或现场总线等的接口能力。此外,还可以将虚拟仪器接入网络,如 Internet 等,以实现对现场生产的监控和管理。

8)虚拟仪器的软、硬件都具有开放性、模块化、可重复使用及互换性等特点。因此,用户可以根据自己的需要灵活组合,大大提高了使用效率,减少了投资。

表 1-1 列出了传统仪器与虚拟仪器的主要区别。

表 1-1 传统仪器与虚拟仪器的比较

传 统 仪 器	虚 拟 仪 器
硬件是关键,必须由专业厂家升级	软件是关键,升级方便
基于硬件体系,开发与维护费用高	基于软件体系,开发与维护费用低
数据无法编辑	数据可编辑、存储、打印
硬件技术更新周期长	软件技术更新周期短
通用性差,价格高	价格低,并且可重用性与可配置性强
厂商定义仪器功能	用户定义仪器功能
系统封闭、功能固定不可更改	系统开放、灵活,功能可更改,构成多种仪器
不易与其他设备连接	容易与网络、外设及其他设备连接
图形界面小,信息量小	图形界面大,信息量大
部分具有时间记录和测试说明	完整的时间记录和测试说明
信号电缆和开关多,操作复杂	信号电缆少,采用虚拟旋钮,故障率低,有操作保护
测试部分自动化	测试过程完全自动化

1.1.4 虚拟仪器的应用

虚拟仪器由于其功能灵活,很容易构建,所以应用面极为广泛。尤其在科研、开发、测量、计量等领域更是不可多得的好工具。虚拟仪器技术先进,十分符合国际上流行的"硬件软件化"的发展趋势,因而常被称为"软件仪器"。它功能强大,可实现示波器、逻辑分析仪、频谱仪、信号发生器等多种普通仪器的全部功能。虚拟仪器系统已成为仪器领域的一个基本方案,是技术进步的必然结果。它的应用已经遍及各行各业的测量活动。

在自动控制和工业控制领域,虚拟仪器同样应用广泛。绝大部分闭环控制系统要求精确地采样,及时地数据处理和快速地数据传输。虚拟仪器系统恰恰符合上述特点,十分适合测控一体化的设计。尤其在制造业,虚拟仪器的卓越计算能力和巨大数据吞吐能力必将使其在实时监控系统、在线监测系统、电力仪表系统、流程控制系统等工控领域发挥更大的作用。

虚拟仪器的出现是仪器发展史上的一场革命,代表着仪器发展的最新方向和潮流,是信息技术的一个重要领域,对科学技术的发展和工业生产将产生不可估量的影响。

虚拟仪器可广泛应用于电子测量、振动分析、声学分析、故障诊断、航天航空、军事工程、电力工程、机械工程、建筑工程、铁路交通、地质勘探、生物医疗、教学及科研等诸多方面。

1.2 虚拟仪器的组成与构成方式

1.2.1 虚拟仪器的基本结构

虚拟仪器的基本结构由计算机硬件、仪器硬件和虚拟仪器软件三部分构成,如图 1-1所示。

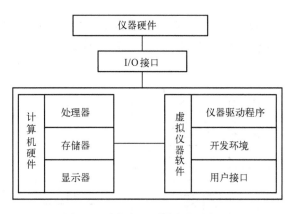

图 1-1 虚拟仪器系统的组成框图

1. 计算机硬件

计算机硬件平台可以是各种类型的计算机，如普通台式计算机、便携式计算机、工作站、嵌入式计算机等。计算机管理着虚拟仪器的硬件、软件资源，是虚拟仪器的硬件基础。

2. 仪器硬件

仪器硬件根据不同的标准接口总线转换输入或输出信号，供其他系统使用。

仪器硬件部分可由数据采集卡、GPIB 接口、串并行接口、VIX 接口、LAN 接口、现场总线接口等构成，它们的主要功能是完成对被测信号的采集、传输和显示测量结果。

3. 虚拟仪器软件

虚拟仪器的软件是核心、关键部分，用于实现对仪器硬件通信和控制，对信号进行分析处理，对结果表达和输出。

虚拟仪器实质上是"软硬结合""虚实结合"的产物，它充分利用最新的计算机技术来实现和扩展传统仪器的功能。它强调软件的作用，提出"软件就是仪器"的概念。

在虚拟仪器系统中，硬件仅仅解决信号的输入、输出和软件赖以生存、运行的物理环境，软件才是整个仪器系统的关键。用户可根据自己的需要通过编制不同的测试软件来构成各种功能的测试系统，其中许多硬件功能可直接由软件实现，系统具有极强的通用性和多功能性。任何使用者只要通过调整或修改仪器的软件，便可方便地改变和增减仪器的功能和规模，甚至仪器的性质。

虚拟仪器软件的开发又有着自身的特殊性，这种特殊性主要体现在虚拟仪器软件在某种程度上是传统硬件的"仿真"，其设计目的之一就是用软件来实现硬件的功能。

1.2.2 虚拟仪器的构成方式

虚拟仪器的硬件平台由计算机和其 I/O 接口设备两部分组成。I/O 接口设备主要执行信号的输入、数据采集、放大、模/数转换等任务。

根据 I/O 接口设备总线类型的不同，虚拟仪器的构成方式主要有：基于 PC 的插卡式（PC-DAQ）、GPIB 总线、VXI 总线、PXI 总线、串行接口总线、现场总线六种标准硬件体系结构，如图 1-2 所示。

1. 基于 PC 的插卡式（PC-DAQ）虚拟仪器

通过在 PC 机内直接插入一块内插式多功能数据采集卡，将前端仪器（如传感器等）送来的模拟信号经 A-D 转换送到计算机，直接经过 PCI 总线，由 CPU 进行分析、处理，再通过显示器显示，外接打印机打印等。它更加充分地利用计算机的资源，大大增加了测试系统的灵活性和扩展性。

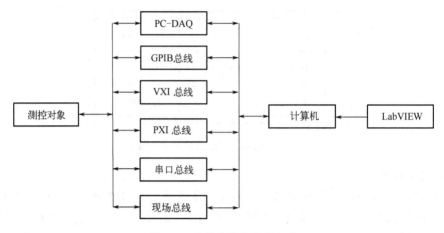

图 1-2　虚拟仪器的构成方式

这种方式受 PC 机箱、总线限制，存在电源功率不足、机箱内噪声电平较高、无屏蔽、插槽数目不多、尺寸较小等缺点。但因个人计算机数量非常庞大，插卡式仪器价格便宜，因此其用途广泛，特别适合于工业测控现场、各种实验室和教学部门使用。

2．基于 GPIB 总线的虚拟仪器

GPIB（IEEE 488 标准）是计算机和仪器间的标准通信协议，也是最早的仪器总线。一个典型的 GPIB 测试系统由 1 台 PC、1 块 GPIB 接口卡和若干台 GPIB 仪器通过 GPIB 电缆连接而成。每台 GPIB 仪器有单独的地址，由计算机控制操作。GPIB 接口板插入计算机的插槽中，建立起计算机与具有 GPIB 接口的仪器设备之间的通信桥梁。

利用 GPIB 技术，可以用计算机实现对仪器的操作和控制，替代传统的人工操作方式，可以方便地将多台仪器组合起来，形成较大的自动测试系统。系统中的仪器可以增加、减少或更换，只需对计算机的控制软件作相应改动，就可高效、灵活地完成各种不同规模的测试任务。

GPIB 测试系统的结构和命令简单，造价较低，主要用于台式仪器，适用于精确度要求高，但对计算机速率和总线控制实时性要求不高的传输场合。

3．基于 VXI 总线的虚拟仪器

VXI 总线是一种高速计算机总线在仪器领域的扩展。VXI 系统由 VXI 标准机箱、零槽控制器、具有多种功能的模块仪器和驱动软件、系统应用软件等组成。

VXI 总线标准具有标准开放、即插即用、结构紧凑、数据吞吐能力强、定时与同步精确、模块可重复利用、众多仪器生产厂商支持等优点，应用越来越广。VXI 规范使得用户在组建 VXI 系统时可不必局限于一家厂商的产品，允许根据自己的要求自由选购各仪器厂商的仪器模块，从而使系统达到最优。

尤其在组建大中规模自动测量控制系统，以及对速度、精度要求非常高的场合，有其他仪器无法比拟的优点。另外，VXI 总线的组建方案功能最为强大、组建的系统最为稳定，但

VXI 总线实现强大功能的同时，价格也十分昂贵。

4．基于 PXI 总线的虚拟仪器

PXI 是一种新型模块化仪器系统，是在 PCI 总线内核技术上增加了成熟的技术规范和要求形成的，包括多板同步触发总线技术，增加了用于相邻模块的高速通信的局部总线，并具有高度的可扩展性等优点，适用于大型高精度集成系统。

5．基于串口总线的虚拟仪器

通过串行口可实现仪器与计算机、仪器与仪器之间的相互通信，从而组成由多台仪器构成的自动测试系统。RS-232 总线是早期采用的 PC 机通用串行总线，适合于单台仪器与计算机的连接，但控制性能较差。当今 PC 已更多采用 USB 总线，基于 USB 总线的虚拟仪器开发已经受到重视。但是，USB 总线目前只用于较简单的测试系统。在用虚拟仪器组建自动测试系统时，目前最有发展前景的是采用 IEEE 1394 高速串行总线。

6．基于现场总线的虚拟仪器

现场总线是一种全数字化、串行、双向、多站的通信网络，现场总线系统以现场总线（FieldBus）为纽带，把多个分散的智能仪表、控制设备（包括智能传感器）连接成可以相互沟通信息、共同完成自控任务的网络与控制系统。用于现场总线系统的智能传感器、变送器、仪表等统称为现场总线仪表。各种现场总线仪表采用标准化的、开放式通信协议，这样不同厂商的产品可以方便地挂接在现场总线上，使系统具有可操作性。

1.2.3 构建虚拟仪器的步骤

在实验室里有各种各样的仪器与设备。如何提高它们的综合使用效率？如何对它们进行更有效的管理？最有效的方法是采用"虚拟仪器"技术，即充分利用计算机强大的管理与处理能力，以此为基础，将实验室相关设备搭配起来，构成一种全新的实验环境。实验室中的仪器与设备一般都是具有特定功能的单台设备，如果它们具有某种总线接口，就有可能进行虚拟仪器的构造。

构建虚拟仪器系统的步骤如下：

1．确定所用仪器或设备的接口形式

如果仪器设备具有 RS-232 串行总线接口，则不用进行处理，直接用连线将仪器设备与计算机的 RS-232 串行接口连接即可。

如果是 GPIB 或 HP-IB 接口，则需要额外配备一块 GPIB 接口板卡，将接口板卡插入计算机的 ISA 插槽，建立起计算机与仪器设备之间的通信渠道。

2．确定所选择的接口卡是否具有设备驱动程序

接口卡的设备驱动程序是控制各种硬件接口的驱动程序，是连接主控计算机与仪器设备的纽带。如果有设备驱动程序，看它适合于何种操作系统；如果没有，或者所带的设备驱动程序不符合用户所用的操作系统，用户就有必要针对所用接口卡，编写设备驱动程序。

3．确定应用程序的编程语言

如果用户有专业的图形化编程软件，如 LabVIEW、LabWindows、CVI 等，那么就可以采用专业的图形化编程软件进行编程了。若没有此类软件，则可以采用通用编程语言，如 Microsoft 公司的 Visual Basic。

4．编写用户的应用程序

在硬件连接无误的情况下，编写用户的应用程序。可根据仪器的功能，确定应用程序所采用的算法、处理分析方法和显示方式。

同其他应用程序一样，虚拟仪器软件的设计也要经历需求分析、总体设计、模块设计、代码编写、总体测试等过程。

5．调试运行应用程序

用数据或仿真的方法，验证仪器功能的正确性，调试并运行仪器。

1.3 虚拟仪器的软件结构与开发平台

虚拟仪器的核心就是仪器功能的软件化。就是利用计算机的软件和硬件资源，使本来需要硬件或电路实现的技术软件化和虚拟化，最大限度地降低系统成本，增强系统的功能与灵活性。

1.3.1 虚拟仪器的软件结构

虚拟仪器的软件结构如图1-3所示。

从低层到顶层，虚拟仪器的软件系统框架包括三个部分：VISA库、仪器驱动程序和应用程序。

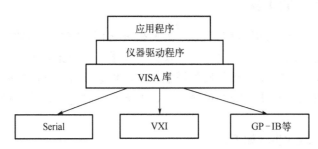

图1-3　虚拟仪器的软件结构

1．VISA库

即虚拟仪器软件体系结构，其实质就是标准的 I/O 函数库及其相关规范的总称。一般称这个 I/O 函数库为 VISA 库。它驻留于计算机系统之中，执行仪器总线的特殊功能，是计算机与仪器之间的软件层连接，以实现对仪器的程控。对于仪器驱动程序开发者来说，VISA库是一个可调用的操作函数集。

2．仪器驱动程序

仪器驱动程序主要用来初始化虚拟仪器，设置特定的参数和工作方式，使虚拟仪器保持正常的工作状态，用户在设计应用程序时需调用仪器驱动程序。

对于市场上的大多数计算机内置插卡，厂家都配备了相应的设备驱动程序。用户在编制应用程序时，可以像调用系统函数那样，直接调用仪器驱动程序，进行设备操作。如果所用计算机内置插卡和外设插卡没有仪器驱动程序，用户也可以采用高级语言自行编写。

3．应用程序

应用程序建立在仪器驱动程序之上，直接面对操作用户，并提供直观、友好的操作界面，丰富的数据分析与处理功能来完成自动测试任务。

应用程序包含两个方面的程序：

1）实现虚拟面板功能的前面板软件程序。对于每个虚拟仪器模块来说，必须提供一个虚拟仪器面板。在系统集成初始化时，软面板既可用于实现仪器功能，又能帮助用户理解和熟悉仪器特性。软面板是一个可独立运行的 Windows 应用程序。

2）定义测试功能的流程图软件程序。应用软件直接面对操作用户，通过提供直观、友好的操作界面、丰富的数据分析与处理功能，来完成虚拟仪器的测试功能，它体现了虚拟仪器的优点和本质。用户可方便、直观地对应用程序进行后期开发。

1.3.2 虚拟仪器的开发平台

虚拟仪器的软件开发平台目前主要有两类：

第一类是基于传统语言如 C、Visual Basic、Visual C++等通用的软件开发平台。这类语言具有适应面广、开发灵活的特点。但这种开发方式对测试人员要求很高，需要自己将各种数据处理方法用计算机语言实现，还要对用于数据通信的各种连接总线（如 RS-232、GPIB、USB 等）非常熟悉，绝大多数测试工程人员难以做到，或者需要花费大量的时间来研究，而懂得这些编程方法的人员又不一定懂得测试。因此，用这种平台开发测试工程软件难度大、周期长、费用高、可扩展性差。

从实现虚拟仪器功能的角度出发，开发虚拟仪器软件的平台应提供以下功能：

1）直观、丰富的仪器图形控件。由于虚拟仪器是用图形化的界面来模拟传统仪器的控制面板等交互部件，因此开发平台必须预置种类丰富的图形化控件，供软件开发者使用。

2）强大的数据处理功能。虚拟仪器的优点之一就是能利用 PC 机强大的处理能力对被测信号进行数据处理、频谱分析等。因此，开发虚拟仪器的软件平台应提供大量的数据处理功能模块供开发者调用。

3）友好的人机界面。虚拟仪器的测试结果应具备按照用户的要求，有以直观、友好的图形化方式显示、输出的能力，相应的开发平台也应该提供便捷的方式来实现这一目标。

从以上的分析可以看出，通用的软件开发平台无法全部满足虚拟仪器开发的要求。

因此，虚拟仪器的主导公司纷纷推出了专为虚拟仪器开发而设计的第二类虚拟仪器软件开发平台，即图形化的编程软件。这类软件都通过建立和连接图标来构成虚拟仪器工作程序并定义其功能，而不是用传统的文本编辑形式。它们具有编程效率高、通用性强、交叉平台互换性好的特点，适用于大批量多品种仪器的生产。

作为测试工程领域的强有力工具，近年来，由美国国家仪器公司（National Instruments，简称 NI）开发的虚拟仪器软件 LabVIEW 得到了业界的普遍认可，在测试系统分析、设计和研究方面得到广泛应用。

LabVIEW 的全称是实验室虚拟仪器工程平台（Laboratory Virtual Instrument Engineering Workbench），是一种基于 G 语言（Graphics Language，图形化编程语言）的测试系统软件开

发平台。它采用了工程人员熟悉的术语、图标等图形化符号来代替常规基于文字的语言程序。它把复杂、烦琐、费时的语言编程简化成选择功能图标，并用线条把各种功能图标连接起来的简单图形编程方式。利用 LabVIEW，用户可通过定义和连接代表各种功能模块的图标，方便迅速地创建虚拟仪器。

LabWindows/CVI 是 NI 公司开发的另一种交互式开发平台。它将 C 语言开发平台与用于数据采集分析和显示的测控工具结合起来，将开发平台与交互式编程方法、功能面板及库函数集成起来，从而为熟悉 C 语言的开发人员建立检测系统、自动测量环境、数据采集与处理系统、过程监控系统等提供一个很好的软件开发环境。

第 2 章　LabVIEW 程序设计基础

本章作为 LabVIEW 程序设计的入门，介绍了 LabVIEW 的特点及应用，LabVIEW 的编程环境，LabVIEW 编程的基本概念，LabVIEW 程序的前面板设计，然后通过讲解实例掌握 LabVIEW 设计虚拟仪器（VI）的方法和步骤，最后介绍了 LabVIEW 程序的调试方法。

2.1　LabVIEW 的特点及应用

2.1.1　LabVIEW 的特点

LabVIEW 是一种包括控制与仿真、高级数字信号处理、统计过程控制、模糊控制和 PID 控制等众多附加软件包，运行于 Windows NT/XP、Linux、Macintosh 等多种平台的工业标准软件开发环境。

LabVIEW 程序又称为虚拟仪器，它的表现形式和功能类似于实际的仪器，但 LabVIEW 程序很容易改变设置和功能。因此，LabVIEW 特别适用于实验室、多品种小批量的生产线等需要经常改变仪器参数和功能以及对信号进行分析、研究、传输等场合。

与传统的编程语言比较，LabVIEW 图形编程方式能够节省程序开发时间，其运行速度却几乎不受影响，体现出了极高的效率。

由于采用了图形化编程语言，LabVIEW 产生的程序是框图的形式，易学易用，特别适合硬件工程师、实验室技术人员、生产线工艺技术人员的学习和使用，可以在很短的时间内掌握并应用到实际中去。

总之，由于 LabVIEW 能够为用户提供简明、直观、易用的图形编程方式，十分省时简便，深受用户青睐。

2.1.2　LabVIEW 的应用

LabVIEW 在包括航空、航天、通信、汽车、半导体和生物医学等世界范围的众多领域内得到了广泛应用，从简单的仪器控制、数据采集到尖端的测试和工业自动化，从大学实验室到工厂，从探索研究到技术集成，都有 LabVIEW 应用的成果。

1. LabVIEW 应用于测量与试验

LabVIEW 已成为测试与测量领域的工业标准，通过 GPIB、VXI、串行设备和插卡式数据采集板可以构成实际的数据采集系统。它提供了工业界最大的仪器驱动程序库以及众多的开发工具使复杂的测量与试验任务变得简单易行。

2. LabVIEW 应用于过程控制与工业自动化

LabVIEW 强大的硬件驱动、图形显示能力和便捷的快速程序设计为过程控制和工业自动化应用提供了优秀的解决方案。

3．LabVIEW 应用于实验室研究与计算分析

LabVIEW 为科学家和工程师提供了功能强大的高级数学分析库，包括统计、估计、回归分析、线性代数、信号生成算法、时域和频域算法等众多计算方法，可满足各种计算和分析需要。

因此，许多工科大学已将 LabVIEW 作为课堂或实验室教学内容之一，作为工程师素质培养的一个方面。不同领域的科学家和工程师都可借助这个易用的软件包来解决工作中的各种应用课题。

2.2　LabVIEW 的编程环境

2.2.1　启动窗口

安装 LabVIEW 2015 后，在 Windows 开始菜单中便会自动生成启动 LabVIEW 2015 的快捷方式——National Instruments LabVIEW 2015。单击该快捷方式启动 LabVIEW，启动后的窗口如图 2-1 所示。

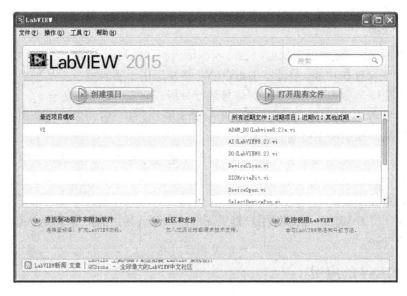

图 2-1　LabVIEW 2015 的启动窗口

启动 LabVIEW 时将出现启动窗口，在这个窗口中可单击选择创建项目、打开现有文件、查找驱动程序和附加文件、社区和支持，同时还可查看 LabVIEW 新闻、搜索功能信息等。

同时，在启动窗口利用菜单命令可以创建新 VI、选择最近打开的 LabVIEW 文件、查找范例以及打开 LabVIEW 帮助。还可查看各种信息和资源，如用户手册、帮助主题以及公司网站的各种资源。

打开现有文件或创建新文件后启动窗口就会消失。关闭所有已打开的前面板和程序框图后启动窗口会再次出现。也可在前面板或程序框图中选择菜单"查看→启动窗口"，来显示启动窗口。

在启动窗口单击"创建项目"按钮，弹出"创建项目"对话框，如图 2-2 所示。"创建项目"对话框主要分为文件和资源左右两部分。在这里用户可以选择新建空白 VI、新建空的项目、简单状态机等，并且可以打开已有的程序。同时用户可以从这个界面获得帮助支持。

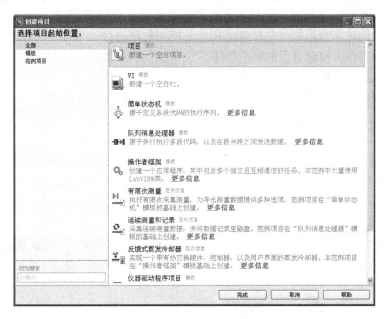

图 2-2 "创建项目"对话框

单击启动窗口中"文件"菜单下的"新建..."命令，将打开如图 2-3 所示的"新建"对话框，在这里，可以选择多种方式来建立文件。

图 2-3 "新建"对话框

利用"新建"对话框，可以创建三种类型的文件，分别是 VI、项目和其他文件。

其中，新建 VI 是经常使用的功能，包括新建空白 VI、创建多态 VI 以及基于模板创建 VI。如果选择新建空白 VI，将创建一个空的 VI，VI 中的所有控件都需要用户自行添加；如果选择基于模板，则有很多种程序模板供用户选择。

用户根据需要可以选择相应的模板进行程序设计，在各种模板中，LabVIEW 已经预先设置了一些组件构成了应用程序的框架，用户只需对程序进行一定程度的修改和功能上的增减就可以在模板基础上构建自己的应用程序。

新建项目包括空白项目文件和基于向导的项目。

其他文件则包括库、类、全局变量、运行时菜单以及自定义控件等。

2.2.2 菜单栏

当用户新建一个空白 VI 后就进入 LabVIEW 的编程环境，这时将出现两个无标题窗口。一个是前面板窗口，如图 2-4 所示，用于编辑和显示前面板对象；另一个是程序框图窗口，如图 2-5 所示，用于编辑和显示流程图（程序代码）。

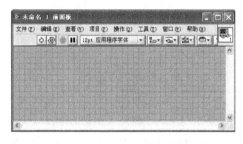

图 2-4　LabVIEW 的前面板窗口

图 2-5　LabVIEW 的程序框图窗口

两个窗口拥有基本相同的菜单：包括文件、编辑、查看、项目、操作、工具、窗口、帮助 8 大项。

1. 文件菜单

文件菜单包括了对程序（即 VI）操作的几乎所有命令。

1）新建 VI：用于新建一个空白的 VI 程序。

2）新建...：打开"创建项目"对话框，新建空白 VI、根据选板创建 VI 或者创建其他类型的 VI。

3）打开...：用于打开一个已存在的 VI。

4）关闭：用于关闭当前 VI。

5）关闭全部：关闭打开的所有 VI。

6）保存：保存当前编辑过的 VI。

7）另存为...：另存为其他 VI。

8）保存全部：保存所有修改过的 VI，包括子 VI。

9）保存为前期版本：为了能在前期版本中打开现在所编写的程序，可以保存为前期版本的 VI。

10）创建项目：新建工程文件。

11）打开项目...：打开工程文件。

12）页面设置：用于设置打印当前 VI 的一些参数。

13）打印：打印当前 VI。

14）VI 属性：用于查看和设置当前 VI 的一些属性。

15）近期项目：最近曾经打开过的工程，用于快速打开曾经打开过的工程。

16）近期文件：最近曾经打开过的文件菜单，用于快速打开曾经打开过的 VI。

17）退出：用于退出 LabVIEW 编程环境。

2. 编辑菜单

编辑菜单中列出了几乎所有对 VI 及其组件进行编辑的命令。

1）撤销：用于撤销上一步操作，回复到上一次编辑之前的状态。

2）重做：执行和撤销相反的操作，执行该命令时，可恢复最近"撤销"所做的修改。

3）剪切：删除选定的文本、控件或者其他对象，并将其放到剪贴板中。

4）复制：用于将选定的文本、控件或者其他对象复制到剪贴板中。

5）粘贴：用于将剪贴板中的文本、控件或者其他对象从剪贴板中放到当前光标位置。

6）删除：用于删除当前选定的文本、控件或者其他对象，和剪切不同的是，删除不把这些对象放入剪贴板中。

7）选择全部：选择全部对象。

8）当前值设置默认值：将当前面板上对象的取值设为该对象的默认值，这样当下一次打开该 VI 时，该对象将被赋予该默认值。

9）重新初始化为默认值：将前面板上对象的取值初始化为原来的默认值。

10）自定义控件：用于定制前面板中的控件。

11）导入图片至剪贴板：将文件中图片导入至剪贴板。

12）设置 Tab 键顺序：当用 Tab 键切换前面板上对象顺序时，可用该命令进行设置。

13）删除断线：用于除去 VI 程序框图中由于连线不当造成的断线。

14）创建子 VI：用于创建一个子 VI。

15）VI 修订历史：用于记录 VI 的修订历史。

16）运行时菜单：用于设置程序运行时的菜单项。

17）查找和替换：搜索和替换对象。

3. 查看菜单

查看菜单包括了程序中所有与显示操作有关的命令。

1）控件选板：用于显示 LabVIEW 的控件选板。

2）函数选板：用于显示 LabVIEW 的函数选板。

3）工具选板：用于显示 LabVIEW 的工具选板。

4）快速放置：显示快速放置对话框，依据名称指定选板对象，并将对象置于程序框图或前面板。

5）断点管理器：显示断点管理器窗口，该窗口用于在 VI 的层次结构中启用、禁用或清除全部断点。

6）探针检测窗口：用于打开探针检测窗口。右击程序框图中的连线，在快捷菜单中选择探针或使用探针工具，可显示该窗口。

7）错误列表：用于显示 VI 程序的错误。

8）加载并保存警告列表：显示加载并保存警告对话框，通过该对话框可查看要加载或保存项目时警告的详细信息。

9）VI 层次结构：显示 VI 的层次结构，用于显示该 VI 与其调用的子 VI 之间的层次关系。

10）浏览关系：用于浏览程序中所使用的所有 VI 之间的相对关系。

11）启动窗口：打开 LabVIEW 的启动窗口。

12）导航窗口：用于显示 VI 程序的导航窗口。

13）工具栏：工具栏选项。

4. 项目菜单

项目菜单中包含了 LabVIEW 中所有与项目操作相关的命令。

1）创建项目：用于新建一个项目文件。

2）打开项目：用于打开一个已有的项目文件。

3）保存项目：用于保存一个项目文件。

4）关闭项目：用于关闭项目文件。

5）添加至项目：将 VI 或者其他文件添加到现有的项目文件中。

6）文件信息：显示当前项目的信息。

7）解决冲突：打开解决项目冲突对话框，可通过重命名冲突项，或使冲突项从正确的路径重新调用依赖项解决冲突。

8）属性：显示当前项目属性。

5. 操作菜单

操作菜单中包括了对 VI 操作的基本命令。

1）运行：用于运行 VI 程序。

2）停止：用于中止 VI 程序的运行。

3）单步步入：单步执行进入程序单元。

4）单步步过：单步执行完成程序单元。

5）单步步出：单步执行出程序单元。

6）调用时挂起：当 VI 被调用时，挂起程序。

7）结束时打印：在 VI 运行结束后打印该 VI。

8）结束时记录：在 VI 运行结束后记录运行结果到记录文件。

9）数据记录：单击数据记录菜单可以打开它的下级菜单，设置记录文件的路径等。

10）切换至运行模式：当用户单击该菜单项时，LabVIEW 将切换为运行模式，同时该菜单项变为切换至编辑模式，再次单击该菜单项，则切换至编辑模式。

11）连接远程前面板：单击该菜单项将弹出远程面板对话框，可以设与远程的 VI 连接、通信。

12）调试应用程序或共享库：对应用程序或共享库进行调试。

6. 工具菜单

工具菜单中包括编写程序的几乎所有工具，包括一些主要工具和辅助工具。

1）Measurement & Automation Explorer…：打开 MAX 程序。

2）仪器：使用仪器子菜单，单击该菜单可以打开它的下级菜单，在这里可以选择连接

NI 的仪器驱动网络或者导入 CVI 仪器驱动程序。

　　3）性能分析：对 VI 的性能即占用资源的情况进行比较。

　　4）安全：对用户所编写的程序进行保护，如设置密码等。

　　5）用户名：用于设置用户的姓名。

　　6）通过 VI 生成应用程序：弹出"通过 VI 生成应用程序"对话框，该对话框用于通过打开的 VI 生成独立的应用程序。

　　7）LLB 管理器：打开库文件管理器。

　　8）导入：用来向当前程序导入".net"控件、"ActiveX"控件、共享库等。

　　9）共享变量：包含共享变量函数。

　　10）在磁盘上查找 VI：用来搜索磁盘上指定路径下的 VI 程序。

　　11）NI 范例管理器：用于查找 NI 为用户提供的各种范例。

　　12）远程前面板管理器：用于管理远程 VI 程序的远程连接。

　　13）Web 发布工具：打开网络发布工具管理器窗口，设置通过网络访问用户的 VI 程序。

　　14）高级：单击这个菜单可以打开它的下级菜单，里面是一些对 VI 操作的高级使用工具。

　　15）选项：用于设置 LabVIEW 以及 VI 的一些属性和参数。

7．窗口菜单

　　利用窗口菜单可以打开 LabVIEW 程序的各种窗口，例如前面板窗口、程序框图窗口以及导航窗口。

　　1）显示前面板/显示程序框图：用于切换程序框图和前面板。

　　2）左右两栏显示：用于将 VI 的前面板和程序框图左右（即横向）排布。

　　3）上下两栏显示：用于将 VI 的前面板、程序框图上下（即纵向）排布。

　　另外，在窗口菜单的最下方显示了当前打开的所有 VI 的前面板和程序框图，因而可以从窗口菜单的最下方直接进入那些 VI 的前面板或程序框图。

8．帮助菜单

　　LabVIEW 提供了功能强大的帮助功能，集中体现在它的帮助菜单上。

　　1）显示即时帮助：选择是否显示即时帮助窗口以获得即时帮助。

　　2）锁定即时帮助：用于锁定即时帮助窗口。

　　3）查找范例：用于查找 LabVIEW 中带有的所有例程。

　　4）网络资源：打开 NI 公司的官方网站，在网络上查找 LabVIEW 程序的帮助信息。

　　5）专利信息：显示 NI 公司的所有相关专利。

　　6）关于 LabVIEW：显示 LabVIEW 的相关信息。

2.2.3　工具栏

　　工具栏按钮用于运行、中断、终止、调试 VI、修改字体、对齐、组合、分布对象等。

1．前面板工具栏

　　前面板窗口和程序框图窗口都有各自的工具栏，工具栏包括用于控制 VI 的命令按钮和状态指示器。图 2-6 所示是前面板窗口的工具栏。

　　下面通过表 2-1 介绍该工具栏中各按钮的作用。

图 2-6　前面板工具栏

表 2-1　前面板窗口的工具栏各按钮功能简介

图　标	名　　称	功　　能
⇨	运行按钮	单击它可以运行 VI 程序。要注意运行按钮的图案变化，按钮不同的形状表示了 VI 的运行属性（正常运行、警告错误）
⟳	连续运行按钮	单击该按钮，VI 程序连续地重复执行，再次单击一下该按钮可以停止程序的连续运行
⏺	终止执行按钮	单击它就会立即停止程序的运行 注意：使用该按钮来停止 VI 程序的运行，是强制性的停止，可能会错过一些有用的信息
⏸	暂停/继续按钮	单击该按钮可使 VI 程序暂停执行，再单击它，则 VI 程序继续执行
 12pt 应用程序字体 ▾	文本设置按钮	单击该按钮将弹出一个下拉列表，从中可以设置字体的格式，如字体类型、大小、形状和颜色等
 ▣ ▾	对齐对象按钮	首先选定需要对齐的对象，然后单击该按钮，将弹出一个下拉列表，该列表可以设置选定对象的对齐方式，如竖直对齐、上边对齐、左边对齐等
▥ ▾	分布对象按钮	首先选定需要排列的对象，然后单击该按钮，将弹出一个下拉列表，从中可以设置选定对象的排列方式，如间距、紧缩等
 ▤ ▾	调整对象大小按钮	首先选定需要设置大小的对象，然后单击该按钮，将弹出一个下拉列表，从中可以设置对象的最大、最小宽度、高度等
↻ ▾	重新排序按钮	当几个对象重叠时，可以重新排列每个对象的叠放次序，如前移、后移等

2. 程序框图工具栏

程序框图窗口的工具栏按钮大多数与前面板工具栏相同，另外还增加了 4 个调试按钮。程序框图窗口的工具栏如图 2-7 所示。

⇨ ⟳ ⏺ ⏸ 💡 🔍 ↴ ↱ ↰ 12pt 应用程序字体 ▾ ▣ ▾ ▥ ▾ ↻ ▾ ✎

图 2-7　程序框图工具栏

下面通过表 2-2 介绍 4 个调试按钮的作用。

表 2-2　程序框图窗口的工具栏各调试按钮功能简介

图　标	名　　称	功　　能
💡	高亮显示执行过程按钮	单击该按钮，VI 程序以一种缓慢的节奏一步一步地执行，所执行到的节点都以高亮方式显示，并显示 VI 运行时的数据流动。这样用户可以清楚地了解到程序的运行过程，也可以很方便地查找错误。再次单击该按钮，即可停止 VI 程序的这种执行方式，恢复到原来的执行方式
↴	开始单步（入）执行按钮	单击此按钮，程序将以单步方式运行，如果节点为一个子程序或结构，则进入子程序或结构内部执行单步运行方式

图　标	名　　称	功　　能
🎞	开始单步（跳）执行按钮	该按钮也是一种单步执行的按钮，与上面按钮不同的是：以一个节点为执行单位，即单击一次按钮执行一个节点。如果节点为一个子程序或结构，也作为一个执行单位，一次执行完，然后转到下一个节点，而不会进入节点内部执行。闪烁的节点表示该节点等待执行
🎞	单步步出按钮	当在一个节点（如子程序或结构）内部执行单步运行方式时，单击该按钮可一次执行完该节点，并直接跳出该节点转到下一个节点

2.2.4　操作选板

LabVIEW 中的操作选板分为工具选板、控件选板和函数选板，LabVIEW 程序的创建主要依靠这三个选板完成。

工具选板提供了用于创建、修改和调试程序的基本工具；控件选板中涵盖了各种输入控件和显示控件，主要用于创建前面板中的对象，构建程序的界面；函数选板包含了编写程序的过程中用到的函数和 VI 程序，主要用于构建程序框图中的对象。控件选板和函数选板中的对象被分类安排在不同的子选板中。

一般在启动 LabVIEW 的时候，三个选板会出现在屏幕上，由于控件选板只对前面板有效，所以只有在激活前面板的时候才会显示。同样，只有在激活程序框图的时候才会显示函数选板。如果选板没有被显示出来，可以通过菜单查看/工具选板来显示工具选板，通过查看/控件选板显示控件选板，通过查看/函数选板显示函数选板。也可以在窗口的空白处，单击右键，以弹出控件选板或函数选板。

1. 编辑工具——工具选板

在前面板和程序框图中都可看到工具选板，LabVIEW 的工具选板如图 2-8 所示。利用工具选板可以创建、修改 LabVIEW 中的对象，并对程序进行调试。工具选板是 LabVIEW 中对对象进行编辑的工具。工具选板上的每一个工具都对应鼠标的一个操作模式。将光标对应于选板上所选择的工具图标，可选择合适的工具对前面板和程序框图上的对象进行操作和修改。

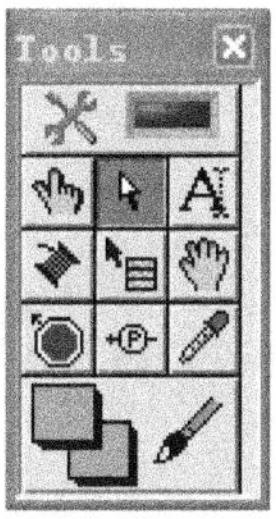

图 2-8　工具选板

工具选板中各种不同工具的图标及其相应的功能见表 2-3。

表 2-3　工具选板各工具功能简介

图　标	名　　称	功　　能
 ⚒ ▬	自动选择工具	按下自动选择按钮，鼠标移到前面板或程序框图的对象上时，系统会自动选择工具选板中相应的工具，方便用户操作。当用户选择手动时，需要手动选择工具选板中的相应工具
🖑	操作值工具	改变控件值
▶	定位/调整大小/选择工具	用于选取对象，改变对象的位置和大小
A	编辑文本工具	用于输入标签文本或者创建标签
✦	进行连线工具	用于在程序框图中连接两个对象的数据端口，当用连线工具接近对象时，会显示出其数据端口以供连线之用。如果打开了帮助窗口，那么当用连线工具置于某连线上时，会在帮助窗口显示其数据类型

图 标	名 称	功 能
	对象快捷菜单工具	当用该工具单击某对象时，会弹出该对象的快捷菜单
	滚动窗口工具	使用该工具，无须滚动条就可以自由滚动整个图形
	设置/清除断点工具	在调试程序过程中设置断点
	探针数据工具	在代码中加入探针，用于调试程序过程中监视数据的变化
	获取颜色工具	从当前窗口中提取颜色
	设置颜色工具	用于设置窗口中对象的前景色和背景色

2. 前面板设计工具——控件选板

控件选板仅位于前面板，包括了用于创建前面板对象所需的输入控件和显示控件，是用户设计前面板的工具。输入控件是指按钮、旋钮、转盘等输入装置，用来模拟仪器的输入，为 VI 的程序框图提供数据；显示控件是指图表、指示灯等显示装置，用来模拟仪器的输出，显示程序框图获取或生成的数据。

LabVIEW 2015 中的控件选板如图 2-9 所示。

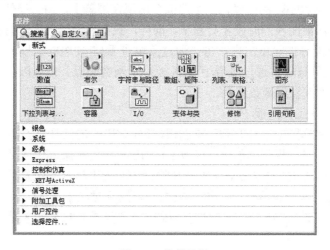

图 2-9　控件选板

在控件选板中，按照所属类别，各种输入控件和显示控件被分门别类地安排在不同的子选板中。应用控件选板中的这些子选板，用户可以创建出界面美观且功能强大的 VI 前面板。

常用子选板的图标、功能见表 2-4。

表 2-4　控件选板常用子选板功能简介

图 标	子选板名称	功 能
	数值	用于输入和显示数值，用于设计具有数值数据类型属性的输入控件和显示控件，如滑动杆、旋钮、滚动条、转盘和数值显示框等
	布尔	用于输入并显示布尔值，用于设计具有布尔数据类型属性的输入控件和显示控件，如按钮、开关、指示灯等

图　标	子选板名称	功　　能
abc Path 字符串与路径	字符串与路径	字符串控件用于输入或编辑前面板上的文本或标签；路径控件用于输入或返回文件或目录的地址
数组、矩阵…	数组、矩阵和簇	用于作为数组、矩阵和簇类型数据的输入和显示
列表、表格…	列表、表格和树	用于表格形式数据的输入和显示，如列表框、多列列表框、树型列表框、表格等
图形	图形	用于显示波形数据，将数据以图形方式显示，如波形图、曲线图、密度图以及各种三维曲面及曲线等显示对象
Ring Enum 下拉列表与…	下拉列表与枚举	下拉列表控件是将数值与字符串或图片建立关联的数值对象，以下拉菜单的形式出现，用户可在循环浏览的过程中做出选择 枚举控件用于向用户提供一个可供选择的项列表
容器	容器	可用于组合控件，或在当前 VI 的前面板上显示另一个 VI 的前面板；还可用于在前面板上显示.NET 和 ActiveX 对象
I/O	I/O	可将所配置的 DAQ 通道名称、VISA 资源名称和 IVI 逻辑名称传递至 I/O VI，与仪器或 DAQ 设备通信
修饰	修饰	用于前面板界面的设计和装饰，如用于装饰界面的框和线条等
引用句柄	引用句柄	可用于对文件、目录、设备和网络连接进行操作

3．程序框图设计工具——函数选板

函数选板仅位于程序框图，包含了编写程序过程中用到的函数和 VI 程序，主要用于构建程序框图中的节点，对 VI 程序框图进行设计。LabVIEW 2015 的函数选板如图 2-10 所示。按照功能类型将各种函数、VIs 和 Express VIs 放入不同的子选板中。

图 2-10　函数选板

函数选板各子选板的图标、功能说明见表 2-5。

表 2-5　函数选板各子选板的图标、功能说明

图标	子选板名称	功能
结构	结构	用于设计程序的顺序、分支和循环等结构，如顺序结构、条件结构、While 循环、For 循环、事件结构、公式节点、全局变量、局部变量、反馈节点等
数组	数组	用于创建数组和对数组进行操作，如数组大小、将元素插入数组、从数组中删除元素、初始化数组等
簇与变体	簇与变体	用于创建簇和对簇进行操作，如捆绑、创建簇数组、簇转换为数组、簇常量等
数值	数值	包括算术运算、数值类型转换函数、三角函数、对数函数、复数函数、数值常数、表达式节点、数值分析等
布尔	布尔	用于进行布尔型数据的运算，如逻辑运算；包含布尔型常数、布尔量与数值转换函数等
字符串	字符串	用于对字符串型数据的操作，包含对字符串操作的各种函数，字符串与数值、数组和路径的转换函数，字符串常量等
比较	比较	用于比较布尔型、数值型、字符串型以及簇和数组型数据，包含各种比较运算函数
定时	定时	用于控制程序执行的速度，包含各种定时函数和时间转换函数
对话框与用…	对话框与用户界面	用于创建各种按钮对话框、提示对话框、显示对话框以及建立菜单、帮助、事件等
文件I/O	文件 I/O	用于创建、打开、读取及写入文件等，包括各种文件操作函数，对路径进行操作的各种函数
波形	波形	用于进行和波形有关的操作，如各种函数和快速 VI 等
应用程序控制	应用程序控制	用于打开与关闭应用程序，包含程序的停止、退出等程序控制函数
图形与声音	图形与声音	用于创建图形，从图形文件获取数据，对声音信息的处理等；包含各种图形图像显示、声音播放等函数
报表生成	报表生成	用于创建和控制应用程序报表，包含简易文本报表、新建报表、打印报表等函数

　　函数选板是编写 VI 程序的时候使用最为频繁的工具，因而熟悉它的各个子选板的功能对编写程序是十分有用的，在使用 LabVIEW 编写程序的过程中，读者可以逐步了解它的每个子选板以至于每个函数、VIs 以及 Express VIs 的功能，熟练使用这些工具是编写好

LabVIEW 应用程序的保证。

2.3 LabVIEW 编程的基本概念

LabVIEW 是一个功能完整的程序设计语言，具有区别于其他程序设计语言的一些独特结构和语法规则。

应用 LabVIEW 编程的关键是掌握 LabVIEW 的基本概念和图形化编程的基本思想。

2.3.1 VI 与子 VI

用 LabVIEW 开发的应用程序称为 VI（Virtual Instrument 的英文缩写，即虚拟仪器）。

一个最基本的 VI 是由节点、端口以及连线组成的应用程序。

VI 运行采用数据流驱动，具有顺序、循环、条件等多种程序结构控制。

在 LabVIEW 中的子程序被称为子 VI（SubVI）。在程序中使用子 VI 有以下优点：

1）将一些代码封装成为一个子 VI（即一个图标或节点），可以使程序的结构变得更加清晰、明了。

2）将整个程序划分为若干模块，每个模块用一个或者几个子 VI 实现，易于程序的编写和维护。

3）将一些常用的功能编制成为一个子 VI，在需要的时候可以直接调用，不用重新编写这部分程序，因而子 VI 有利于代码复用。

正因为子 VI 的使用对编写 LabVIEW 程序有很多益处，所以在使用 LabVIEW 编写程序的时候经常会使用子 VI。

子 VI 由 3 部分组成，除前面板对象、程序框图外，还有图标的连接端口。连接端口的功能是与调用它的 V1 交换数据。

基于 LabVIEW 图形化编程语言的特点，在 LabVIEW 环境中，子 VI 也是以图标（节点）的形式出现的，在使用子 VI 时，需要定义其数据输入和输出的端口，然后就可以将其当作一个普通的 VI 来使用。

因此在使用 LabVIEW 编程时，应与其他编程语言一样，尽量采用模块化编程的思想，有效地利用 SubVI，简化 VI 程序框图的结构，使其更加简洁，易于理解，以提高 VI 的运行效率。

2.3.2 前面板

前面板就是图形化用户界面，用于设置输入数值和观察输出量，是人机交互的窗口。由于 VI 前面板是模拟真实仪器的前面板，所以输入量称为控制，输出量称为指示。

在前面板中，用户可以使用各种图标，如仪表、按钮、开关、波形图、实时趋势图等，这可使前面板的界面像真实的仪器面板一样。

图 2-11 所示是一个调压器程序的前面板。

前面板对象按照功能可以分为控制、指示和修饰三种。控制是用户设置和修改 VI 程序中输入量的接口，如旋钮；指示则用于显示 VI 程序产生或输出的数据，如仪表。

如果将一个 VI 程序比作一台仪器的话，那么控制就是仪器的数据输入端口和控制开关，而指示则是仪器的显示窗口，用于显示测量结果。

图 2-11　调压器程序的前面板

在本书中，为方便起见，将前面板中的控制和指示统称为前面板对象或控件，控制即输入控件，指示即显示控件。

修饰的作用仅是将前面板点缀得更加美观，修饰并不能作为 VI 的输入或输出来使用。在控制选板中专门有一个修饰子选板。

2.3.3　程序框图

每一个前面板都有一个程序框图与之对应。上述调压器的程序框图如图 2-12 所示。程序的功能是通过调压旋钮产生数值，送到电压表显示，当数值大于等于 8 时，上限灯改变颜色。

程序框图用图形化编程语言编写，可以把它理解成传统编程语言程序中的源代码。用图形来进行编程，而不是用传统的代码来进行编程，这是 LabVIEW 最大的特色。

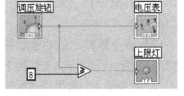

图 2-12　调压器的程序框图

程序框图由节点、端口和连线组成。

1. 节点

节点是 VI 程序中的执行元素，类似于文本编程语言程序中的语句、函数或者子程序。上述调压器的程序框图中数值常量、比较函数就是节点。

LabVIEW 共有 4 种类型的节点，见表 2-6。

表 2-6　LabVIEW 节点类型

节 点 类 型	节 点 功 能
功能函数	LabVIEW 内置节点，提供基本的数据与对象操作，例如，数值计算、文件 I/O 操作、字符串运算、布尔运算、比较运算等
结构	用于控制程序执行方式的节点，包括顺序结构、条件结构、循环结构及公式节点等
代码接口节点	LabVIEW 与 C 语言文本程序的接口。通过代码接口节点，用户可以直接调用 C 语言编写的源程序
子 VI	将创建的 VI 以 SubVI 的形式调用，相当于传统编程语言中子程序的调用。通过功能选板中的 Select VI 子选板可以添加一个 SubVI 节点

2. 端口

节点之间、节点与前面板对象之间通过数据端口和数据连线来传递数据。

端口是数据在程序框图部分和前面板对象之间传输的通道接口以及数据在程序框图的节点之间传输的接口。端口类似于文本程序中的参数和常数。

端口有两种类型：输入/输出端口和节点端口（即函数图标的连线端口）。输入或输出端口用于前面板，当程序运行时，从输入控件输入的数据就通过输出端口传送到程序框图。而当 VI 程序运行结束后，输出数据就通过输入端口从程序框图送回到前面板的显示控件。

当在前面板创建或删除输入控件或显示控件时，可以自动创建或删除相应的输出/输入端口。

一般情况下，LabVIEW 中的每个节点至少有一个端口，用于向其他图标传递数据。

3．连线

节点之间由数据连线按照一定的逻辑关系相互连接，以定义程序框图内的数据流动方向。

连线是端口间的数据通道，类似于文本程序中的赋值语句。数据是单向流动的，从源端口向一个或多个目的端口流动。

不同的线型代表不同的数据类型，每种数据类型还以不同的颜色予以强调或区分。

连线点是连线的线头部分。接线头是为了帮助端口的连线位置正确。当把连线工具放到端口上，接线头就会弹出。接线头还有一个黄色小标识框，显示该端口的名字。

连接端口通常是隐藏在图标中的。图标和连接端口都是由用户在编制 VI 时根据实际需要创建的。

2.3.4　数据流驱动

由于程序框图中的数据是沿数据连线按照程序中的逻辑关系流动的，因此，LabVIEW 编程又称之为"数据流"编程。"数据流"控制 LabVIEW 程序的运行方式。

对一个节点而言只有当它的输入端口上的所有数据都被提供以后，它才能够执行下去。当节点程序运行完毕以后，它会把结果数据送到其输出端口中，这些数据很快通过数据连线送至与之相连的目的端口。

"数据流"与常规编程语言中的"控制流"类似，相当于控制程序语句一步一步地执行。

例如，两数相加程序的前面板如图 2-13 所示，与之对应的程序框图如图 2-14 所示，这个 VI 程序控制 a 和 b 中的数值相加，然后再把相加之和乘以 100，结果送至指示 c 中显示。

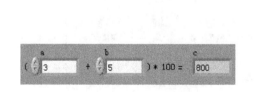

图 2-13　两数相加程序的前面板

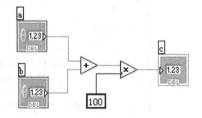

图 2-14　两数相加的程序框图

在这个程序中，程序框图从左向右执行，但这个执行次序不是由其对象的摆放位置来确定的，而是由于相乘节点的一个输入量是相加节点的运算结果。只有当相加运算完成并把结果送到相乘运算节点的输入端口后，相乘节点才能执行下去。

2.4　VI 前面板设计

把 VI 应用程序界面称作前面板。前面板是 LabVIEW 的重要组成部分，是用 LabVIEW

编写的应用程序的界面。LabVIEW 提供非常丰富的界面控件对象，可以方便地设计出生动、直观、操作方便的用户界面。

LabVIEW 提供的专门用于前面板设计的输入和显示控件被分门别类地放置在控件选板中，当用户需要使用时，可以根据对象的类别从各个子选板中选取。前面板的对象按照其类型可以分为数值型、布尔型、字符串型、数组型、簇型、图形型等多种类型。

在用 LabVIEW 进行程序设计的过程中，对前面板的设计主要是编辑前面板控件和设置前面板控件的属性。

2.4.1　前面板对象的创建

设计应用程序界面所用到的前面板对象全部包含在控件选板中。

放置在前面板上的每一个控件都具有很多属性，其中多数与显示特征有关，在编程时就可以通过在控件上右击（即右键单击，以下同）更改其属性值。

设计前面板需要用到控件选板，用鼠标选择控件选板上的对象，然后在前面板上拖放即可。

以下举例说明前面板对象的创建过程。首先创建新的应用程序并保存为"创建对象.VI"。

切换到前面板窗口，在控件选板上单击"数值"控件子选板，选择"数值输入控件"，如图 2-15 所示，在前面板的适当位置单击，即可创建数值输入控件。修改数值控件的标签并输入"数字 1"。同样的方法可以创建数值型控件"垂直指针滑动杆"和"旋钮"，如图 2-16 所示。相应的在程序框图窗口中会产生代表控件的图标符号，如图 2-17 所示。

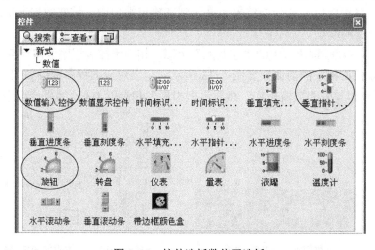

图 2-15　控件选板数值子选板

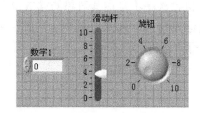

图 2-16　前面板窗口中对象的生成

图 2-17　程序框图窗口中自动生成的图标

2.4.2 前面板对象的属性配置

此处介绍的前面板对象的配置方法适用于输入控件和显示控件。

右击前面板对象如滑动杆控件，弹出快捷菜单，如图 2-18 所示。这里只介绍输入控件和显示控件共有的快捷菜单部分。

1) 显示项：该菜单列表显示一个对象可以显示/隐藏的部分，如标签、标题等。

2) 查找接线端：在代码窗口中高亮显示前面板对象。当代码窗口中对象太多时，直接寻找控件对象是非常有效的。

3) 转换为显示控件/转换为输入控件：将指定的对象改变为显示控件或输入控件。

任何一个前面板对象都有控制和指示两种属性，右击前面板对象，在弹出快捷菜单中选择"转换为显示控件"或"转换为输入控件"可以在控制和指示两种属性之间切换。

一般控件可以指定为显示量，也可以转化为输入量。比如右击滑动杆控件，在弹出的快捷菜单中单击"转换为显示控件"，该控件已经变成了显示件。该变化也同时反映到程序框图窗口中的图标上。

4) 创建：针对选择的对象创建局部变量、引用和属性节点等。

5) 替换：选择其他的控件来代替当前的控件。

6) 数据操作：包含一个编辑数据选项的子菜单。主要包括以下选项：重新初始化默认值和当前值设置为默认值。图 2-16 中，各个控件在设计时就已经有了默认的初始值，如果要改变这个初始值，则在设计时给控件输入指定的数值，然后在控件上右击，在弹出的快捷菜单中选择："数据操作"→"当前值设置为默认值"，如图 2-19 所示。这样每次在程序打开时，控件就自动赋予了新的默认值。

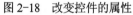

图 2-18 改变控件的属性

图 2-19 设置控件的默认值

7) 高级：包含控件高级编辑选项的子菜单。主要包括以下选项：

快捷键：为控件分配快捷键，用户在没有鼠标的情况下仍然可以访问控件。

同步显示：控件将显示全部的更新数据，这种设置方法将影响 LabVIEW 的运行性能。

自定义：由用户定制控件，在控件编辑器中设计个性化的前面板对象。

隐藏输入控件/隐藏显示控件：在前面板中隐藏控件对象。要访问隐藏的对象，在代码窗口中右击控件对象，在弹出菜单中选择"显示输入控件或"显示显示控件"。

2.4.3 前面板对象的修饰

作为一种基于图形模式的编程语言，LabVIEW 在图形界面的设计上有着得天独厚的优势，可以设计出漂亮、大方而且方便、易用的程序界面（即程序的前面板）。为了更好地进行前面板的设计，LabVIEW 提供了丰富的修饰前面板的方法以及专门用于装饰前面板的控件，下面介绍修饰前面板的方法和技巧。

1. 设置前面板对象的颜色

前景色和背景色是前面板对象的两个重要属性，合理地搭配对象的前景色和背景色会使用户设计的程序增色不少。一般情况下控件选板上的对象是以默认颜色被拖放到前面板，可以通过简单的操作进行修改。

对于前面板对象的颜色的编辑需要用到工具选板里的取色工具和颜色设置工具。

此处创建新的 VI "设置颜色.vi"。 在程序的前面板创建 1 个数值量控件"液罐"，颜色等均采用默认值。

颜色设置工具为 █✎，图标内有前后两个调色板，分别代表前景色和背景色。分别用鼠标单击两个调色板会出现颜色选择对话框，图 2-20 所示，以设置前景和背景的颜色。用鼠标单击颜色设置工具后，再在编辑对象的适当位置上单击鼠标，则被编辑对象就被分别设置成指定的前景色和背景色。

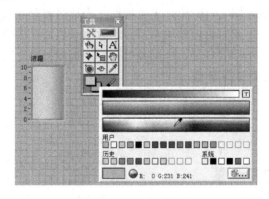

图 2-20 设置控件颜色

另外一种简便的操作是，用鼠标单击颜色设置工具 █✎ 后，在被编辑对象的适当位置上右击，弹出颜色对话框并且动态地渲染被编辑的对象，选择合适的颜色后单击鼠标，完成颜色的设置。

2. 设置前面板对象的文字风格

在 LabVIEW 中，可以设置前面板文本对象的字体、颜色以及其他风格特征。这些可以通过 LabVIEW 工具栏中的字体按钮 12pt 应用程序字体 ▾ 进行设置。单击该按钮，将弹出用于设置字体的下拉菜单，在菜单中，用户可以选择文字的字体、颜色、大小和风格。用户也可以在字体按钮的下拉菜单中选择字体对话框来设置字体的常用属性。字体设置对话框如图 2-21 所示，在这个对话框中几乎可以设置字体的所有属性。

3. 前面板对象的位置与排列

为了提高前面板外观设计的效率，LabVIEW 提供了前面板对象编辑控制的一些工具，尤其是在界面对象比较多时，这些工具就显得尤为重要。

在 LabVIEW 程序中，设置多个对象的相对位置关系是布置和修饰前面板过程中一件非常重要的工作。在 LabVIEW 中提供了专门用于调整多个对象位置关系的工具，它们位于 LabVIEW 的工具栏上。

LabVIEW 所提供的用于修改多个对象位置关系的工具如图 2-22 所示。这两种工具分别用于调整多个对象的对齐关系以及调整对象之间的距离。

图 2-21　字体设置对话框

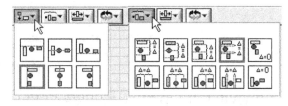

图 2-22　用于设置多个对象之间位置关系的工具

群组工具可以将一系列对象设置为一组，以固定其相对位置关系，也可以锁定对象，以免在编辑过程中对象被移动。

4．调整前面板对象的大小

一般情况下控件选板上的对象是以默认大小被拖放到前面板，可以通过简单的操作进行修改。

对于大小的修改，当工具选板处于自动选择状态或处于定位状态，只需将鼠标移动到被编辑对象的边缘处，对象上会出现几个方框或圆框，单击鼠标左键并拖动方框或圆框到合适位置后松开鼠标左键，则控件对象被放大或缩小，如图 2-23 所示对数值型"液罐"控件进行缩放。

但对于特殊的控件，其编辑方式可能不尽一致，将鼠标改为选择状态，然后在对象上移动，当鼠标的形状发生改变时，拖动即可进行缩放编辑。

在 LabVIEW 的工具栏上有设置对象大小的工具，如图 2-24 所示。

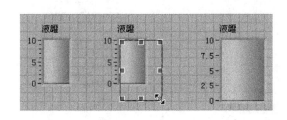

图 2-23　调整前面板对象的大小

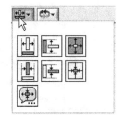

图 2-24　调整对象大小的工具

利用设置对象大小的工具，用户可以按照一定的规则调整对象的尺寸，也可以用按钮来指定控件的高度和宽度,进而设置对象的大小。

5.用修饰控件装饰前面板

LabVIEW 提供了装饰前面板上对象的设计工具,这些界面元素对程序不产生任何影响,仅仅是为了增强界面的可视化效果。它包括一系列线、箭头、方形、圆形、三角形等形状的修饰模块,这些模块如同一些搭建程序界面外观的积木,合理组织、搭配这些模块可以构造出绚丽的程序界面。

LabVIEW 中用于修饰前面板的控件位于控件选板中的修饰子选板中,如图 2-25 所示。

图 2-25　修饰类控件

在 LabVIEW 中,修饰子选板中的各种控件只有前面板图形,而没有在程序框图上与之对应的图标,这些控件的主要功能就是进行界面的修饰。

6.前面板对象的显示和隐藏

LabVIEW 提供的控件都具有是否可见的属性。这个属性可以在程序开发时设定,也可以在程序运行时通过代码来控制,以下举例说明。

新建应用程序。在前面板添加数值显示控件,在程序框图窗口中右击数值显示控件,在弹出的快捷菜单中选择"高级/隐藏显示控件",如图 2-26 所示,数值显示控件在前面板已经不可见了。

要恢复其可见性,切换到程序框图窗口,右击数值显示控件,在弹出的快捷菜单中选择"显示显示控件",如图 2-27 所示,这时前面板窗口中将出现隐藏的数值显示控件。

图 2-26　设计时隐藏控件

图 2-27　使隐藏的控件可见

2.5 VI 与子 VI 设计步骤

实例 1 体验 VI 设计

一、学习目标

1. 认识虚拟仪器软件 LabVIEW 的编程环境。

2. 掌握虚拟仪器软件 LabVIEW 应用程序（VI）的设计步骤。

3. 掌握虚拟仪器软件 LabVIEW 前面板和程序框图的设计方法。

二、设计任务

有一台仪器（比如电压表），需要调整其输入值（比如电压大小），当调整值（电压值）超过设定值（电压上限）时，通过指示灯颜色变化发出警告。

三、任务实现

1. 建立新 VI

运行 LabVIEW 2015，在启动窗口选择"创建项目"，再双击"新建一个空白 VI"，进入 LabVIEW 的编程环境。

这时出现两个未命名窗口。一个是前面板窗口，用于编辑和显示前面板对象；另一个是程序框图窗口（又称为后面板），用于编辑和显示流程图。

2. 程序前面板设计

切换到 LabVIEW 的前面板窗口，显示控件选板，给程序前面板添加控件。

本实例中，程序前面板有 1 个旋钮，1 个仪表，1 个指示灯，共 3 个控件。

1）为了调整数值，往前面板添加 1 个旋钮控件：控件→数值→旋钮，其位置如图 2-28 所示。选择"旋钮"控件，将其拖动到前面板空白处单击。将标签改为"调压旋钮"。

2）为了显示数值，往前面板添加 1 个仪表控件：控件→数值→仪表，其位置如图 2-28 所示。选择仪表控件，将其拖动到前面板空白处单击。将标签改为"电压表"。

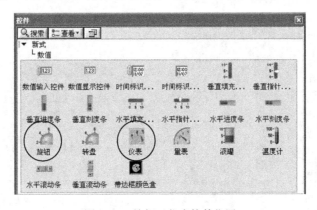

图 2-28 旋钮、仪表控件位置

3）为了显示报警信息，往前面板添加 1 个指示灯控件：控件→布尔→圆形指示灯，其位置如图 2-29 所示。选择圆形指示灯控件，将其拖动到前面板空白处单击。将标签改为"上限灯"。

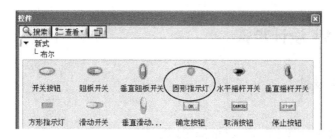

图 2-29　圆形指示灯控件位置

控件添加完成后，可以调整控件大小和位置。设计的程序前面板如图 2-30 所示。

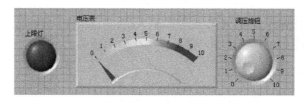

图 2-30　程序前面板

3．程序框图设计

（1）添加节点

每一个程序前面板都对应着一段程序框图。在程序框图中对 VI 进行编程，以控制和操作定义在前面板上的输入和输出对象。

切换到程序框图窗口，可以看到前面板添加的控件图标，选择这些图标，调整其位置。通过函数选板添加节点。

1）添加 1 个数值常量：函数→数值→数值常量，其位置如图 2-31 所示。选择"数值常量"节点，将其拖动到窗口空白处单击。将数值设为"8"。

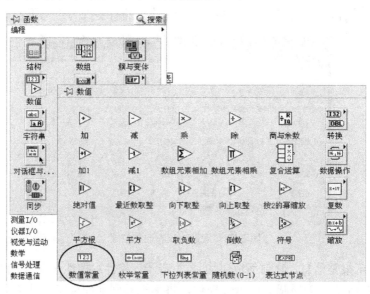

图 2-31　数值常量节点

2）添加 1 个比较函数"≥"：选择"函数"→"比较"→"大于等于？"，其位置如图 2-32 所示。选择"≥"比较节点，将其拖动到窗口空白处单击。右击比较节点图标，弹出快捷菜单，选择"显示项"子菜单，选择"标签"，可以看到图标上方出现标签"大于等于？"

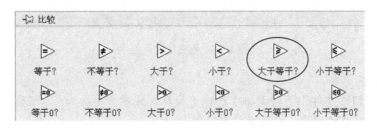

图 2-32　比较节点

添加的所有节点及其布置如图 2-33 所示。

（2）节点连线

使用工具箱中的连线工具 ，将所有节点连接起来。

当需要连接两个端点时，在第一个端点上单击连线工具，然后移动到另一个端点，再单击即可实现连线。端点的先后次序不影响数据流动的方向。

当把连线工具放在节点端口上时，该端口区域将会闪烁，表示连线将会接通该端口。当把连线工具从一个端口接到另一个端口时，不需要按住鼠标键。当需要连线转弯时，单击一次鼠标键，即可以改变连线方向。

1）将"调压旋钮"控件的输出端口与"电压表"控件的输入端口相连。

2）将"调压旋钮"控件的输出端口与比较函数"≥"的输入端口"x"相连。

3）将数值常量"8"与比较函数"≥"的输入端口"y"相连。

4）将比较函数"≥"的输出端口"x >= y?"与"上限灯"控件的输入端口相连。

连好线的程序框图如图 2-34 所示。

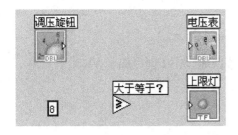

图 2-33　程序框图—节点布置图

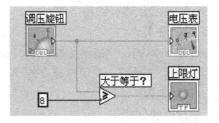

图 2-34　程序框图—节点连线图

4．运行程序

切换到前面板窗口，单击工具栏"连续运行"按钮 ，运行程序（再次单击该按钮可以停止程序的连续运行）。

程序运行时，用鼠标单击"调压旋钮"控件，按住不放，转动旋钮，改变输入数值，可以看到"电压表"指针随着转动；当数值大于等于 8 时，"上限灯"颜色发生变化。

程序运行界面如图 2-35 所示。

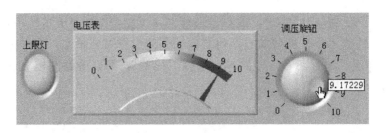

图 2-35　程序运行界面

5．保存程序

从前面板窗口"文件"下拉菜单中选择"保存"或者"另存为…"子菜单，出现"命名 VI"对话框，选择文件目录，输入文件名，保存 VI。

既可以把 VI 作为单独的程序文件保存，也可以把一些 VI 程序文件同时保存在一个 VI 库中，VI 库文件的扩展名为.llb。

NI 公司推荐将程序的开发文件作为单独的程序文件保存在指定的目录下，尤其是开发小组共同开发一个项目时。

6．打开程序

从前面板窗口"文件"下拉菜单中选择"打开…"子菜单可出现打开文件对话框（或在启动窗口中选择"打开"按钮）。对话框中列出了 VI 目录及库文件，每一个文件名前均带有一个图标。

打开目录或库文件后，选择想要打开的 VI 文件，单击"确定"按钮打开程序，或直接双击图标将其打开。

打开已有的 VI 还有一种较简便的方法，如果该 VI 在之前使用过，则可以在"文件"菜单下的近期打开的文件下拉列表中，找到 VI 并打开。

实例 2　子 VI 的创建与调用

一、学习目标

掌握子 VI 的创建与调用方法。

二、设计任务

1．设计一个 VI，完成两数相加（a+b=c），然后把该 VI 创建成子 VI。

2．再设计一个 VI，调用已建立的子 VI。

三、任务实现

1．子程序的创建

（1）程序前面板设计

新建 VI。切换到 LabVIEW 的前面板窗口，通过控件选板给程序前面板添加控件。

1）添加 2 个数值输入控件：控件→数值→数值输入控件。将标签分别改为"a"和"b"。

2）添加 1 个数值显示控件：控件→数值→数值显示控件。将标签改为"c"。

设计的程序前面板如图 2-36 所示。

（2）连接端口的编辑

1）右击 VI 前面板的右上角连接端口，在弹出的菜单中选择"模式"，会出现连接端口选板，选择其中一个连接端口（本例选择的连接端口具有 2 个输入端口和 1 个输出端口），如图 2-37 所示。

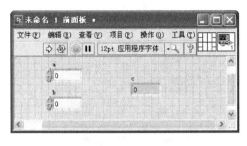
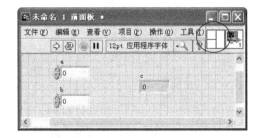

图 2-36　子 VI 前面板　　　　　　　　　图 2-37　选择的连接端口

2）在工具选板中将鼠标变为连线工具状态。

3）用鼠标在控件 a 上单击，选中控件 a，此时控件 a 的图形周围会出现一个虚线框。

4）将鼠标移动至连接端口的一个输入端口上，单击，此时这个端口就建立了与控件 a 的关联关系，端口的名称为 a，颜色变为棕色。

当其他 VI 调用这个 SubVI 时，从这个连接端口输入的数据就会输入到控件 a 中，然后程序从控件 a 在程序框图中所对应的端口中将数据取出，进行相应的处理。

同样建立数值输入控件 b 与另一个输入端口的关联关系；建立数值显示控件 c 与输出端口的关联关系，如图 2-38 所示。

图 2-38　建立控件 a、b、c 与连接端口的关联关系

在完成了连接端口的定义之后，这个 VI 就可以当作 SubVI 来调用了。

（3）程序框图设计

切换到 LabVIEW 的程序框图窗口，调整控件位置，添加节点与连线。

1）添加 1 个加函数：函数→数值→加。

2）将数值输入控件 a 的输出端口与加函数的输入端口"x"相连。

3）将数值输入控件 b 的输出端口与加函数的输入端口"y"相连。

4）将加函数的输出端口"x+y"与数值显示控件 c 的输入端口相连。

5）保存程序，文件名为"addSub"。

连线后的程序框图如图 2-39 所示。

（4）运行程序

切换到前面板窗口，单击工具栏"连续运行"按钮🖳，运行程序。

改变数值输入控件 a、b 的值，数值显示控件 c 显示两数相加的结果。

程序运行界面如图 2-40 所示。

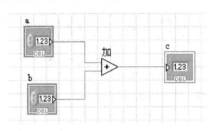

图 2-39　子 VI 程序框图

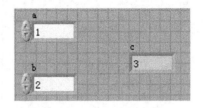

图 2-40　子 VI 运行界面

2．子程序的调用

新建 1 个 LabVIEW 程序。

（1）程序前面板设计

切换到 LabVIEW 的前面板窗口，通过控件选板给程序前面板添加控件。

1）添加 2 个数值输入控件：控件→数值→数值输入控件。将标签分别改为"a"和"b"。

2）添加 1 个数值显示控件：控件→数值→数值显示控件。将标签改为"c"。

设计的程序前面板如图 2-41 所示。

（2）程序框图设计

切换到 LabVIEW 的程序框图窗口，调整控件位置，添加节点与连线。

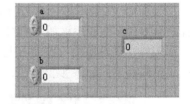

图 2-41　主 VI 前面板

1）添加 SubVI：选择函数选板中的"选择 VI..."子选板，如图 2-42 所示，弹出"选择需打开的 VI"对话框，如图 2-43 所示，在对话框中找到需要调用的 SubVI，本例是 addSub.vi，选中后单击"确定"按钮。

2）将 addSub.vi 的图标放至程序框图窗口中。

3）将数值输入控件 a 的输出端口与 addSub.vi 图标的输入端口"a"相连。

4）将数值输入控件 b 的输出端口与 addSub.vi 图标的输入端口"b"相连。

5）将 addSub.vi 图标的输出端口"c"与数值显示控件 c 的输入端口相连。

6）保存程序，文件名为"addMain"。

连线后的主 VI 程序框图如图 2-44 所示。

（3）运行程序

切换到前面板窗口，单击工具栏"连续运行"按钮🖳，运行程序。

改变数值输入控件 a、b 的值，数值显示控件 c 显示两数相加的结果。

程序运行界面如图 2-45 所示。

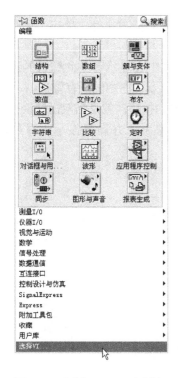

图 2-42 "选择 VI..." 子选板

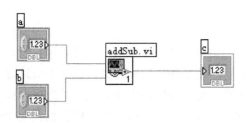

图 2-43 "选择需打开的 VI" 对话框

图 2-44 主 VI 程序框图

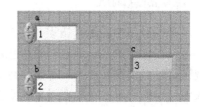

图 2-45 主 VI 运行界面

2.6 VI 的调试方法

在编写了 LabVIEW 的程序代码后,一般需要对程序进行调试。调试的目的是保证程序没有语法错误,并且能够按照用户的目的正确运行,得到正确的结果。

LabVIEW 提供了强大的容错机制和调试手段,例如设置断点调试和设置探针,这些手段可以辅助用户进行程序的调试,发现并改正错误。本节将主要介绍 LabVIEW 提供的用于调试程序的手段以及调试技巧。

2.6.1 找出语法错误

LabVIEW 程序必须在没有基本语法错误的情况下才能运行,LabVIEW 能够自动识别程序中存在的基本语法错误。如果一个 VI 程序存在语法错误,则程序框图窗口工具栏上的

"运行"按钮将会变成一个折断的箭头![图标]，表示程序存在错误不能被执行。单击"运行"按钮![图标]，会弹出错误列表，如图 2-46 所示。

单击错误列表中的某一错误，列表中的"详细信息"栏中会显示有关此错误的详细说明，以帮助用户更改错误。单击"显示警告"复选框，可以显示程序中的所有警告。

当使用 LabVIEW 的错误列表功能时，有一个非常重要的技巧，就是当双击错误列表中的某一错误时，LabVIEW 会自动定位到发生该错误的对象上，并高亮显示该对象，如图 2-47 所示，这样，便于用户查找错误，并更正错误。

图 2-46　错误列表

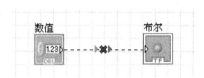

图 2-47　高亮显示程序中的错误

2.6.2　设置断点调试

为了查找程序中的逻辑错误，用户也许希望程序框图一个节点一个节点地执行。使用断点工具可以在程序的某一地点暂时中止程序执行，用单步方式查看数据。当不清楚程序中哪里出现错误时，设置断点是一种排除错误的手段。在 LabVIEW 中，从工具选板选取断点工具，如图 2-48 所示。在想要设置断点的位置单击鼠标，便可以在那个位置设置一个断点。另外一种设置断点的方法是在需要设置断点的位置单击鼠标右键，从弹出的快捷菜单中选择"设置断点"，即可在该位置设置一个断点。如果想要清除设定的断点，只要在设置断点的位置单击鼠标即可。

断点的显示对于节点或者图框表示为红框，对于连线表示为红点，图 2-34 中程序设置断点后的程序框图如图 2-49 所示。

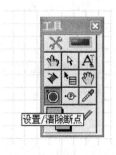

图 2-48　设置断点

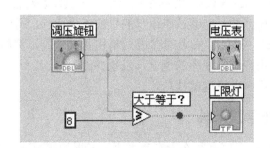

图 2-49　设置断点后的程序

运行程序时，会发现程序每当运行到断点位置时会停下来，并高亮显示数据流到达的位置，用户可以在这个时候查看程序的运算是否正常，数据显示是否正确。

程序停止在断点位置时的程序框图如图 2-50 所示。从图中可以看出，程序停止在断点

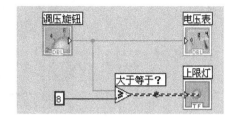

图 2-50 运行带有断点的程序

位置，并高亮显示数据流到达的对象。按下单步执行按钮，闪烁的节点被执行，下一个将要执行的节点变为闪烁，指示它将被执行。你也可以单击暂停按钮，这样程序将连续执行直到下一个断点。当程序检查无误后，用户可以在断点上单击鼠标以清除断点。

2.6.3　设置探针

在有些情况下，仅仅依靠设置断点还不能满足调试程序的需要，探针便是一种很好的辅助手段，可以在任何时刻查看任何一条连线上的数据，探针犹如一颗神奇的"针"，能够随时侦测到数据流中的数据。

在 LabVIEW 中，设置探针的方法是用工具选板中的探针工具，如图 2-51 所示，单击程序框图中程序的连线，这样可以在该连线上设置探针以侦测这条连线上的数据，同时在程序上将浮动显示探针监视窗口。要想取消探针，只需要关闭浮动的探针监视窗口即可。

设置好探针的程序框图如图 2-52 所示。运行程序，在探针监视窗口中将显示出设置探针处的数据。

图 2-51　设置探针

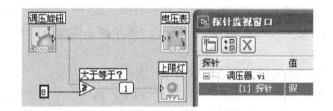

图 2-52　设置好探针的程序程序框图

利用探针可以检测数据的功能，可以了解程序运行过程中任何位置上的数据，即可知道数据流在空间的分布。利用上面介绍的断点，可以将程序中止在任意位置，即可知道数据在任何时间的分布。那么综合使用探针和断点，就可以知道程序在任何空间和时间的数据分布了。这一点对 LabVIEW 程序的调试非常重要。

2.6.4　高亮显示程序的运行

有时希望在程序运行过程中，能够实时显示程序的运行流程以及当数据流流过数据节点时的数值，LabVIEW 为用户提供了这一功能，这就是以"高亮显示"方式运行程序。

单击 LabVIEW 工具栏上的高亮显示程序"运行"按钮，程序将会以高亮显示方式运行。这时该按钮变为，如同一盏被点亮的灯泡。

下面以高亮的方式执行实例 1 的程序。在程序的运行过程中，程序框图如图 2-53 所

示。在这种方式下，VI 程序以较慢的速度运行，没有被执行的代码灰色显示，执行后的代码高亮显示，并显示数据流线上的数据值。这样，就可以根据数据的流动状态跟踪程序的执行，可以很清楚地看到程序中数据流的流向，并且可以实时地了解每个数据节点的数值。

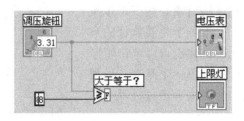

图 2-53　以"高亮"方式运行程序

在多数情况下，需要结合多种方式调试 LabVIEW 程序，例如可以在设置探针的情况下，高亮显示程序的运行，并且单步执行程序。这样程序的执行细节将会一览无余。

2.6.5　单步执行和循环运行

单步执行和循环运行是 LabVIEW 支持的两种程序运行方式，和正常运行方式不同的是，这两种运行方式主要用于程序的调试和纠错。它们是除了设置断点和探针两种方法外，另外一种行之有效的程序调试和纠错机制。

在单步执行方式下，用户可以看到程序执行的每一个细节。单步执行的控制由工具栏上的三个按钮🔽（开始单步入执行）、🔽（开始单步跳执行）和🔽（单步步出）完成。这三个按钮表示三种不同类型的单步执行方式。🔽（开始单步入执行）表示单步进入程序流程，并在下一个数据节点前停下来；🔽（开始单步跳执行）表示单步进入程序流程，并在下一个数据节点执行后停下来；🔽（单步步出)表示停止单步执行方式，即在执行完当前节点的内容后立即暂停。

下面仍旧结合实例 1 介绍单步运行调试程序的方法。

单击🔽（开始单步入执行）按钮，程序开始以单步方式执行，程序每执行一步，便停下来并且高亮显示当前程序执行到的位置，如图 2-54 所示。

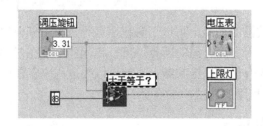

图 2-54　单步执行程序

在 LabVIEW 中支持循环运行方式，LabVIEW 中的循环运行按钮为🔽。所谓循环运行方式，是指当程序中的数据流流经最后一个对象时，程序会自动重新运行，直到用户手动按下"停止"按钮🔘为止。

第 3 章　LabVIEW 的数据操作

数据是操作的对象，操作的结果会改变数据的状况。作为程序设计人员，必须认真考虑和设计数据结构及操作步骤（即算法）。

与其他基于文本模式的编程语言一样，LabVIEW 的程序设计中也要涉及常量、变量、函数的概念以及各种数据类型，这些是 LabVIEW 进行程序设计的基础，也是构建 LabVIEW 应用程序的基石。

3.1　VI 数据类型

LabVIEW 的数据类型按其功能可以分为两类：常量和变量。按其特征又可分为两大类：数字量类型和非数字量类型，并用不同的图标来代表不同的数据类型。原则上数据是在相同数据类型的变量之间进行交换的，但 LabVIEW 拥有自己的数据类型转换机制，这也提供了一种程序的容错机制，使其可以在不同数据类型的变量之间交换数据。

在 LabVIEW 中，各种不同的数据类型，其变量的图标边框的颜色不同，因而，从图标边框的颜色可以分辨其数据类型。

3.1.1　常用的数据类型

LabVIEW 中常用的数据类型有以下几类：

1）数值数据类型：又分为整型、浮点型和无符号型等。

2）布尔数据类型：使用 8 位（一个字节）的数值来存储布尔量数据。如果数值为 0，布尔量数据为 "假"，其他非 0 数值代表 "真"。

3）数组数据类型：是一组相同数据类型数据的集合。

4）字符串数据类型：以单字节整数的一维数组来存储字符串数据。

5）簇数据类型：和数组不同的是，簇可以用来存储不同数据类型的数据。根据簇中成员的顺序，使用相应的数据类型来存储不同的成员。

6）波形数据类型：用来存储波形数据的一种数据类型。

7）路径数据类型：以句柄或指针来存储数据类型。

8）I/O 通道号数据类型：用来表示 DAQ 设备的 I/O 通道名称。

9）动态数据类型：这种类型的数据在应用时不必具体指定其数据类型，在程序运行过程中，根据需要，对象被动态赋予各种数据类型。

3.1.2　常量

LabVIEW 设置了以下两类常量：

1）通用常量。例如，圆周率 π，自然对数 e 等，这些常数位于函数选板/数值子选板/数学与科学常量子选板中，如图 3-1 所示。

图 3-1 数学与科学常量子选板

2）用户定义常量。LabVIEW 函数选板中有各种常用数据类型的常量，用户可以在编写程序时为它赋值。例如，数值常量位于数值子选板，它的默认值是 32 位整型数，用户可以给它定义任意类型的数值，程序运行时就保持这个值。

3.2 数值型数据

3.2.1 数值型数据的分类

在 LabVIEW 中，按照精度和数据的范围，数值型数据可以分为表 3-1 所示的几类。

表 3-1 数值数据类型表

数 据 类 型	标　记	简 要 说 明
单精度浮点数	SGL	内存存储格式 32 位
双精度浮点数	DBL	内存存储格式 64 位
扩展精度浮点数	EXT	内存存储格式 80 位
复数单精度浮点数	CSG	实部和虚部内存存储格式均为 32 位
复数双精度浮点数	CDB	实部和虚部内存存储格式均为 64 位
复数扩展精度浮点数	CXT	实部和虚部内存存储格式均为 80 位
8 位整型数	I8	有符号整型，取值范围-128～127
16 位整型数	I16	有符号整型，取值范围-32 768～32 767
32 位整型数	I32	有符号长整型，取值范围-2 147 483 648～2 147 483 647
无符号 8 位整型数	U8	无符号整型，取值范围 0～255
无符号 16 位整型数	U16	无符号整型，取值范围 0～65535
无符号 32 位整型数	U32	无符号长整型，取值范围 0～4 294 967 295

上面的数值型数据类型，随着精度的提高和数据类型所表示数据范围的扩大，其消耗的系统资源（内存）也随之增长。因而，在程序设计时，为了提高程序运行的效率，在满足使用要求的前提下，应该尽量选择精度低和数据范围相对小的数据类型。

当然有些情况下变量的取值范围是不能确定的，这时可以取较大的数据类型以保证程序的安全性。在 LabVIEW 中，数据类型是隐含在输入、显示以及常量之中的。

3.2.2 数值型数据的创建

数值类型的前面板对象包含在控件选板的数值子选板中，如图 3-2 所示。数值子选板中的前面板对象就相当于传统编程语言中的数字变量。

LabVIEW 中的数字常量是不出现在前面板窗口中的，只存在于程序框图窗口中，在函数选板数值子选板中有一个名为"数值常量"的节点，这个节点就是 LabVIEW 中的数字常量，如图 3-3 所示。

图 3-2　数值控件子选板

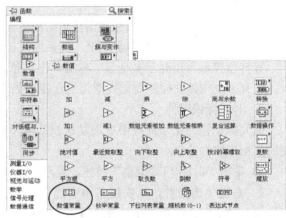

图 3-3　数值常量节点

前面板数值子选板包括多种不同形式的输入和显示，它们的外观各不相同，有数值输入/显示控件、滑动杆、滚动条、液罐、温度计、旋钮以及仪表等，它们本质都是完全相同的，都是数值型，只是外观不同而已。LabVIEW 的这一特点为创建虚拟仪器的前面板提供了很大的方便。只要理解了其中一个的用法，就可以掌握其他全部数值类型前面板对象的用法。

1．数值控件

数值控件是输入和显示数值型数据最简单的方式。可在水平方向上调整大小，以显示更多位数。可使用下列方法改变数值控件的值：

1）用操作工具或标签工具单击数值显示框，然后通过键盘输入数值。

2）用操作工具单击数值控件的递增或递减箭头。

2．滑动杆控件

滑动杆控件是带有刻度的数值对象。包括垂直滑动杆、水平滑动杆、液罐和温度计等控件。可使用下列方法改变滑动杆控件的值：

1）使用操作工具单击或拖拽滑块至新的位置。

2）用操作工具单击数值显示框，然后通过键盘输入数值。

滑动杆控件可以显示多个值。右键单击对象，在快捷菜单中选择添加滑块，可添加更多滑块。带有多个滑块的控件数据类型为包含各个数值的簇。

3．滚动条控件

滚动条控件适用于滚动数据的数值对象。有水平和垂直滚动条两种。可使用下列方法改变滚动条控件的值：

1）使用操作工具单击或拖拽滑块至新的位置。

2）用操作工具单击控件的递增或递减箭头。

3）单击滑块和箭头之间的位置。

4．旋转型控件

旋转型控件包括旋钮、转盘、量表和仪表等，都是带有刻度的数值对象。可使用下列方法改变旋转型控件的值：

1）使用操作工具单击或拖拽指针至新的位置。

2）用操作工具单击数字显示框，然后通过键盘输入数字。

旋转型控件可以显示多个值。右键单击对象，在快捷菜单中选择添加指针，可添加新指针。带有多个指针的控件数据类型为包含各个数值的簇。

5．时间标识控件

时间标识控件用于向程序框图发送或从程序框图获取时间和日期值。可使用下列方法改变时间标识控件的值：

1）单击"时间/日期浏览"按钮，显示"设置时间和日期"对话框。

2）右键单击控件，从快捷菜单中选择"数据操作/设置时间和日期"，显示"设置时间和日期"对话框；或者选择"设置为当前时间"。

3.2.3 设置数值型控件的属性

LabVIEW 中的数值型控件有着许多公有属性，每个控件又有自己独特的属性，这里只对控件的公有属性作简单的介绍。

右击前面板中的数值型控件，弹出如图 3-4 所示的快捷菜单，从菜单中可以通过选择标签、标题等切换是否显示控件的这些属性，另外，通过工具选板中的文本按钮 Ａ 来修改标签和标题的内容。

数值型控件的其他属性可以通过它的"数值属性"对话框进行设置。右键单击数值对象并从快捷菜单中选择"属性"，打开"数值类的属性：数值 2"对话框，如图 3-5 所示，

图 3-4 数值型控件的属性快捷菜单　　　　图 3-5 数值类的属性对话框

在外观选项卡中，用户可以设置与控件外观有关的属性。用户可以修改控件的标签、标题属性以及设置其是否可见；可以设置控件的激活状态，以决定控件是否可以被程序调用。

在数据类型选项卡中，用户可以设置数值型控件的数据范围以及默认值。

在显示格式选项卡中，用户可以设置控件的数据显示格式以及精度等。

数值控件一般最多显示 6 位数字，超过 6 位自动转换为以科学计数法表示。可以从格式与精度选项卡中设置 LabVIEW 在切换到科学计数法之前所显示的数字位数。

实例3　数值型数据操作

一、学习目标
掌握数值型数据的各种输入与显示的创建方法。

二、设计任务
1．任务描述
通过滑动杆、转盘、滚动条产生数值，通过量表、温度计、进度条、液罐输出显示。

2．任务实现

（1）程序前面板设计

新建 VI。切换到 LabVIEW 的前面板窗口，通过控件选板给程序前面板添加控件。

1）为了产生数值，添加 1 个填充滑动杆控件：控件→数值→垂直填充滑动杆。

2）为了产生数值，添加 1 个转盘控件：控件→数值→转盘。

3）为了产生数值，添加 1 个滚动条控件：控件→数值→水平滚动条。

4）为了产生数值，添加 1 个指针滑动杆控件：控件→数值→垂直指针滑动杆。

5）为了显示数值，添加 1 个量表控件：控件→数值→量表。

6）为了显示数值，添加 1 个温度计控件：控件→数值→温度计。

7）为了显示数值，添加 1 个进度条控件：控件→数值→水平进度条。

8）为了显示数值，添加 1 个液罐控件：控件→数值→液罐。

设计的程序前面板如图 3-6 所示。

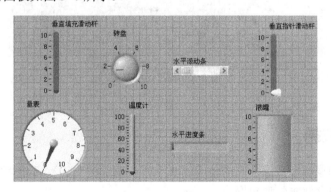

图 3-6　程序前面板

（2）程序框图设计

切换到 LabVIEW 的程序框图窗口，调整控件位置。

1）将垂直填充滑动杆控件的输出端口与量表控件的输入端口相连。

2）将转盘控件的输出端口与温度计控件的输入端口相连。

3）将水平滚动条控件的输出端口与水平进度条控件的输入端口相连。

4）将垂直指针滑动杆控件的输出端口与液罐控件的输入端口相连。

连线后的程序框图如图 3-7 所示。

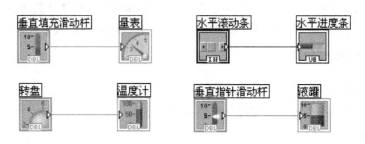

图 3-7 连线后的程序框图

（3）运行程序

切换到前面板窗口，单击工具栏"连续运行"按钮，运行程序。

通过鼠标推动或转动滑动杆、转盘、滚动条等改变数值，量表控件、温度计控件、进度条控件、液罐控件显示值发生同样变化。

可以使用鼠标改变各输入控件的上限刻度值，比如将转盘的上限刻度 10 改为 100。

程序运行界面如图 3-8 所示。

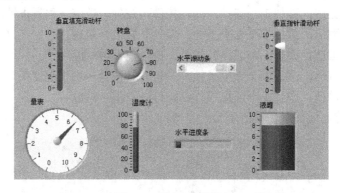

图 3-8 程序运行界面

3.3 布尔型数据

布尔型数据即逻辑型数据，它的值为"真"（1）或"假"（0）。LabVIEW 使用 8 位（一个字节）的数值来存储布尔型数据。

3.3.1 布尔数据的创建

布尔型数据是一种二值数据，非零即一。在 LabVIEW 中，布尔型控件用于布尔型数据的输入和显示。作为输入控件，主要表现为一些开关和按钮，用来改变布尔型控件的状态，用于控制程序的运行或切换其运行状态；作为显示控件，如指示灯用于显示程序的运行状态。

在 LabVIEW 中，布尔型数据体现在布尔型前面板对象中。布尔型前面板对象包含在控件选板布尔子选板中，如图 3-9 所示。

图 3-9 控件选板布尔子选板

可以看到，布尔子选板中有各种不同的布尔型前面板对象，如不同形状的按钮、指示灯和开关等，这都是从实际仪器的按钮、指示灯和开关演化来的，十分形象。采用这些布尔型控件，可以设计出逼真的虚拟仪器前面板。

布尔子选板中的布尔型前面板对象相当于传统编程语言中的布尔型变量。

在函数选板布尔子选板中"真常量"与"假常量"节点就是 LabVIEW 中的布尔型常量，如图 3-10 所示。

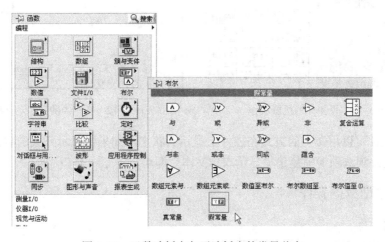

图 3-10 函数选板布尔子选板中的常量节点

3.3.2 设置布尔型控件的属性

与传统编程语言中的逻辑量不同的是，这些布尔型前面板对象有一个独特的属性，称为机械动作属性，这是模拟实际继电器开关触点开/闭特性的一种专门开关控制特性。右击一个开关布尔型控件，从弹出的快捷菜单中选择"机械动作"属性，会出现一个图形化的下拉菜单，如图 3-11 所示，菜单中有 6 种不同的机械动作属性；按照从左向右、自上而下的顺序，它们的含义分别为：当按下按钮时触发，当松开按钮时触发，当按钮处于按下状态时触发，按下按钮后以"点动"方式触发，松开按钮时以"点动"方式触发，松开按钮前结束。

机械动作属性的含义是：比如有一个按钮，在弹起状态时它的值为 0，在按下状态时它的值为 1。机械动作属性定义了用鼠标单击按钮时，按钮的值在什么时刻由 0 阶跃为 1 这一点对于真实的仪器按钮来说非常重要。由于 LabVIEW 是用来设计虚拟仪器的，因此这一点也显得很重要。灵活使用按钮的这种属性，对于能否开发出优秀的虚拟仪器具有一定的意义。菜单中的图标很直观地显示出了鼠标的点按动作与按钮 0、1 值的变化关系。

右键单击布尔对象并从快捷菜单中选择"属性"，打开"布尔类的属性"对话框，如图 3-12 所示，对话框包括"外观""操作""说明信息"及"数据绑定"等选项卡。在"外观"选项卡中，用户可以调整开关或按钮的颜色等外观参数；在操作选项卡，用户可以设定按钮或开关的机械动作类型，对每种动作类型有相应的说明，并可以预览开关的运动效果以及开关的状态。

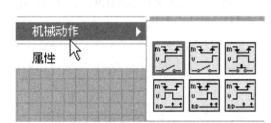

图 3-11　布尔型控件的机械动作　　　图 3-12　布尔类的属性对话框

布尔型控件可以用文字的方式在控件上显示其状态，如果要显示开关的状态，只需要在布尔型控件的外观选项卡中复选"显示布尔文本"即可。

实例 4　布尔型数据操作

一、学习目标

掌握布尔型数据输入与显示的创建方法。

二、设计任务

1. 任务描述

在程序前面板通过开关控制指示灯颜色变化。

2. 任务实现

（1）程序前面板设计

新建 VI。切换到 LabVIEW 的前面板窗口，通过控件选板给程序前面板添加控件。

1）添加2个修饰控件：控件→修饰→平面圆形。

通过鼠标改变其大小和形状，通过工具箱设置颜色工具改变其颜色。其中大椭圆相当于人的脸，小椭圆相当于人的嘴巴。

2）添加2个指示灯控件：控件→布尔→圆形指示灯。

将标签分别改为"眼睛1"和"眼睛2"，然后分别右击两个指示灯控件，选择显示项，隐掉标签。通过鼠标改变其大小。这两个指示灯相当于人的两只眼睛。

3）添加1个开关控件：控件→布尔→垂直摇杆开关。

将标签改为"鼻子"，然后右击开关控件，选择显示项，隐藏标签。通过鼠标改变其大小。这个垂直摇杆开关相当于人的鼻子。

设计的程序前面板如图3-13所示。形状和布置类似于人的脸部。

（2）程序框图设计

切换到LabVIEW的程序框图窗口，调整控件位置。

将垂直摇杆开关控件（"鼻子"）的输出端口分别与两个指示灯控件（"眼睛1"和"眼睛2"）的输入端口相连。

连线后的程序框图如图3-14所示。

图3-13　程序前面板

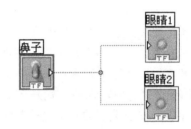

图3-14　程序框图

（3）运行程序

切换到前面板窗口，单击工具栏"连续运行"按钮，运行程序。

在程序前面板单击开关，两个指示灯颜色发生变化。

程序运行界面如图3-15所示。

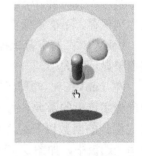

图3-15　程序运行界面

3.4　字符串数据

字符串、字符串数组和含字符串的簇都是在前面板设计、仪器控制和文件管理等任务中常见的数据结构，也是使用比较灵活复杂的数据结构。

3.4.1　字符串数据的作用

在LabVIEW的编程中，常用到字符串控件或字符串常量，用于显示一些屏幕信息。

字符串是一系列ASCII码字符的集合，这些字符可能是可显示的，也可能是不可显示的，如换行符、制表位等。

程序通常在以下情况用到字符串：传递文本信息时；当把数值型的数据作为 ASCII 码文件存盘时，必须先把数值转换为字符串；在仪器的通信控制中，需要把数值型的数据转换为字符串数据进行传递。

3.4.2 字符串数据的创建

在 LabVIEW 的前面板上，与创建字符串数据相关的控件位于控件选板的"字符串与路径"子选板中，如图 3-16 所示。

图 3-16 字符串与路径控件子选板

用得最频繁的字符串控件是字符串输入控件和字符串显示控件，两个控件分别是字符串的输入量和显示量。对于字符串输入控件，可以用工具选板中的使用操作工具或标签工具可以在字符串控件中输入或修改文本；对于字符串显示控件，则主要用于字符串的显示。如果控件中有多行文本，可以拖动控件边框改变其大小，使文本得以全部显示。

用操作工具或标签工具单击字符串输入控件的显示区，即可在控件显示区的光标位置进行字符串的输入和修改。字符串的输入修改操作与常见的文本编辑操作几乎完全一样。

LabVIEW 的一个字符串输入控件就是一个简单的文本编辑器。可以通过双击鼠标并拖动来选定一部分字符，对已选定的文字进行剪切、复制和粘贴等编辑操作，还可改变选定文字的大小、字体和颜色等属性。同样，常用的文本编辑功能键在输入字符串时同样有效，如光标键、换页、退格键和删除键等。

当字符输入完毕后，可以右击控件，在弹出菜单中选择"数据操作/当前值设置为默认值"项保存，下次重新启动该 VI 时，字符串的内容将保持不变。

LabVIEW 的字符串控件可同时输入或输出多行的文本，为了便于观察，可用定位工具来调整显示区大小。

在 LabVIEW 的程序框图中也可以创建字符串数据，创建的方式有两种，一种是通过用于创建字符串的函数，另一种方式是利用函数选板中的相应控件直接创建字符串常量。两种方式用到的函数以及控件位于函数选板中的字符串子选板中，如图 3-17 所示。

3.4.3 设置字符串数据的属性

字符串的显示形式有以下几种：

1）正常显示：正常显示字符串。

2）"\"代码显示：控制码显示。

3）密码显示：用显示密码的方式显示字符串，主要用于输入口令。用"*"代替所有字符。

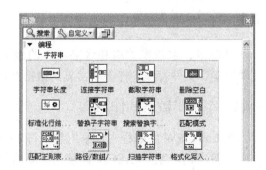

图 3-17 字符串函数子选板

4）十六进制显示：用十六进制数显示所有字符的 ASCII 码值。

字符串显示控件可在不同的显示形式之间进行切换，可右击控件，在弹出快捷菜单中选择相应的选项进行。字符串"LabVIEW"的几种显示形式如图 3-18 所示。

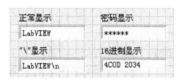

图 3-18 字符串的显示形式

字符串输入控件和显示控件的属性可以通过其"属性"对话框进行设置。在控件的图标上右击，从弹出的快捷菜单中选择"属性"，可以打开如图 3-19 所示的"字符串类的属性"对话框。"字符串类的属性：字符串"对话框由"外观"、"说明信息"、"数据绑定"及"快捷键"选项卡组成。

图 3-19 字符串类的属性对话框

在外观选项卡，用户不仅可以设置标签和标题等属性，而且可以设置文本的显示方式。如果复选"显示垂直滚动条"，则当文本框中的字符串不止一行时会显示滚动条；如果复选"限于单行输入"，那么将限制用户在单行输入字符串，而不能回车换行；如果复选"键入时刷新"，那么文本框的值会随用户键入的字符而实时改变，不会等到用户按〈Enter〉键后才改变。

实例 5   字符串数据操作

一、学习目标

1. 掌握字符串数据的创建与属性设置方法。

2. 掌握字符串数据的连接、长度计算、属性设置等操作。

二、设计任务

（一）任务 1

1. 任务描述

将两个字符串连接成一个新的字符串，并计算新字符串的长度。

2. 任务实现

（1）程序前面板设计

新建 VI。切换到 LabVIEW 的前面板窗口，通过控件选板给程序前面板添加控件。

1）为了输入字符串，添加两个字符串输入控件：控件→字符串与路径→字符串输入控件。将标签分别改为"字符串 1"和"字符串 2"。

2）为了显示连接后的字符串，添加 1 个字符串显示控件：控件→字符串与路径→字符串显示控件。将标签改为"连接后的字符串"。

3）为了显示字符串的长度，添加 1 个数值显示控件：控件→数值→数值显示控件。将标签改为"长度"。

设计的程序前面板如图 3-20 所示。

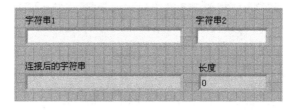

图 3-20   程序前面板

（2）程序框图设计

切换到 LabVIEW 的程序框图窗口，调整控件位置，添加节点与连线。

1）添加 1 个连接字符串函数：函数→字符串→连接字符串。

2）添加 1 个字符串长度函数：函数→字符串→字符串长度。

3）将 2 个字符串输入控件的输出端口分别与连接字符串函数的两个输入端口"字符串"相连。

4）将连接字符串函数的输出端口"连接字符串"与连接后的字符串显示控件的输入端口相连。

5）将连接字符串函数的输出端口"连接字符串"与字符串长度函数的输入端口"字符串"相连。

6）将字符串长度函数的输出端口"字符串长度"与数值显示控件"长度"的输入端

相连。

连线后的程序框图如图 3-21 所示。

（3）运行程序

切换到前面板窗口，单击工具栏"连续运行"按钮，运行程序。

将两个字符串如"LabVIEW 2015 中文版"和"入门与提高"连接成一个新的字符串，并作为结果显示。计算连接后的字符串"LabVIEW 2015 中文版入门与提高"的长度是 28。

在字符串中，一个英文字符和数字的长度是 1，一个汉字的长度是 2。

程序运行界面如图 3-22 所示。

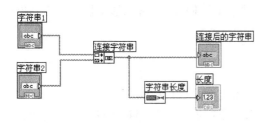

图 3-21　程序框图

图 3-22　程序运行界面

（二）任务 2

1．任务描述

通过组合框下拉列表选择不同的字符串，以不同的方式显示。

2．任务实现

（1）程序前面板设计

新建 VI。切换到 LabVIEW 的前面板窗口，通过控件选板给程序前面板添加控件。

1）添加 1 个组合框控件用于输入选择：控件→字符串与路径→组合框。标签为"组合框"。

2）添加 1 个字符串显示控件用于字符串正常显示：控件→字符串与路径→字符串显示控件。将标签改为"字符串正常显示"。

3）添加 1 个字符串显示控件用于字符串密码形式显示：控件→字符串与路径→字符串显示控件。将标签改为"密码形式显示"。右击该字符串显示控件，在弹出的快捷菜单中选择"密码显示"。

设计的程序前面板如图 3-23 所示。

（2）组合框编辑

组合框控件可用来创建一个字符串列表，在前面板上可循环浏览该列表。

右击前面板组合框控件，在弹出的快捷菜单中选择"编辑项…"命令，出现"组合框属性：组合框"对话框，如图 3-24 所示。

单击"Insert"（插入）按钮，在左侧输入"LabVIEW"，再重复单击"Insert"按钮 2 次，分别输入"2015"和"登录密码"。选择字符串，单击"上移"或"下移"按钮可调整字符串位置。下拉列表编辑完成后，单击"确定"按钮确认。

（3）程序框图设计

切换到 LabVIEW 的程序框图窗口，调整控件位置。

图 3-23 程序前面板　　　　　　　　　图 3-24 组合框属性设置

将组合框控件的输出端口分别与"字符串正常显示"控件、"密码形式显示"控件的输入端口相连。

连线后的程序框图如图 3-25 所示。

（4）运行程序

切换到前面板窗口，单击工具栏"连续运行"按钮，运行程序。

单击组合框右侧的箭头后出现一下拉列表，选择不同的值，分别对应设置"字符正常显示"和"密码形式显示"。

程序运行界面如图 3-26 所示。

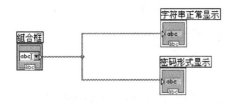

图 3-25 程序框图　　　　　　　　　　图 3-26 程序运行界面

3.5 数组数据

在程序设计语言中，"数组"是相同数据类型数据的集合，是一种良好的存储和组织相同类型数据方式。

3.5.1 数组数据的组成

LabVIEW 中的数组是由同一类型数据元素组成的大小可变的集合，这些元素可以是数值型、布尔型、字符型等各种类型，也可以是簇，但是不能是数组。这些元素必须同时都是输入控件或同时都是显示控件。

在前面板的数组对象往往由一个盛放数据的容器和数据本身构成，在程序框图中则体现为一个一维或多维矩阵。

数组可以是一维的，也可以是多维的。一维数组是一行或一列数据，可以描绘平面上的一条曲线。二维数组是由若干行和列数据组成的，可以在一个平面上描绘多条曲线。

LabVIEW 是图形化编程语言，因此，LabVIEW 中数组的表现形式与其他语言有所不同，数组由三个部分组成：数据索引、数据和数据类型，其中数据类型隐含在数据中，如图 3-27 所示。

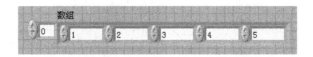

图 3-27　一维数组的组成

数组左侧为索引显示，其中的索引值是位于数组框架中最左面或最上面元素的索引值，这样做是由于数组中能够显示的数组元素个数是有限的，用户通过索引显示可以很容易地查看数组中的任何一个元素。在数组中，数组元素位于右侧的数组框架中，按照元素索引由小到大的顺序从左至右或从上至下排列。

对数组成员的访问是通过数组索引进行的，数组中的每一个元素所在的行、列位置都有其唯一的索引数值，可以通过索引值来访问数组中的数据。索引值的范围是 $0 \sim n-1$，n 是数组成员的数目。例如图 3-28 中二维数组里的数值 9 的行索引值是 1，列索引值 3。

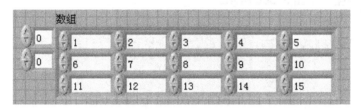

图 3-28　二维数组的组成

LabVIEW 中的数组与其他编程语言相比比较灵活。如 C 语言，在使用一个数组时，必须首先定义该数组的长度，但 LabVIEW 却不必如此，它会自动确定数组的长度。数组中元素的数据类型必须完全相同，如都是无符号 16 位整数或都是布尔型等。

3.5.2　数组数据的创建

在 LabVIEW 中，可以用多种方法来创建数组数据。其中常用的有以下两种方式：在前面板上创建数组数据；在程序框图中创建数组数据。

（1）在前面板上创建数组

在前面板设计时，数组的创建分两步进行：

1）从控件选板的数组、矩阵与簇子选板中选择数组框架，如图 3-29a 所示。注意，此时创建的只是一个数组框架，不包含任何内容，对应在程序框图中的端口只是一个黑色中空的矩形图标。

2）根据需要将相应数据类型的前面板对象放入数组框架中。可以直接从控件选板中选择对象放进数组框架内，也可以把前面板上已有的对象拖进数组框架内。这个数组的数据类型以及它是输入还是显示取决于放入的对象。

图 3-29b 所示的是将一个数值输入控件并放入数组框架，这样就创建了一个数值类型数组（数组的属性为输入）。当数组创建完成之后，数组在程序框图中相应的端口就变为相应颜色和数据类型的图标了。

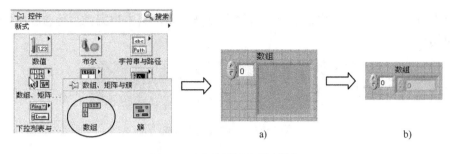

图 3-29　在前面板上创建数组

数组在创建之初都是一维数组，如果需要创建一个多维数组，把定位工具放在数组索引框任意一角轻微移动，向上或向下拖动鼠标增加索引框数量就可以增加数组的维数，如图 3-30a 所示。两个索引框中，上一个是行索引，下一个是列索引。

刚刚创建的数组只显示一个成员，如果需要显示更多的数组成员，需要把定位工具放在数组数据显示区任意一角，当光标形状变成网状折角时，向任意方向拖动增加数组成员数量就可以显示更多数据，如图 3-30b 所示。

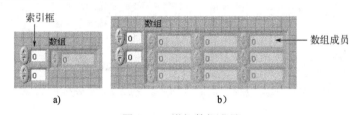

图 3-30　增加数组成员

a) 增加数组维数　b) 显示更多的数组成员

（2）在程序框图中创建数组常量

先从函数选板的数组子选板中选择数组常量对象放到程序框图窗口中，然后根据需要选择一个数据常量放到空数组中。

（3）数组成员赋值

用上述方法创建的数组是空的，从外观上看数组成员都显示为灰色，根据需要用操作工具或定位工具为数组成员逐个赋值。若跳过前面的成员为后面的成员赋值，则前面成员根据数据类型自动赋一个空值，例如，0、F 或空字符串。数组赋值后，在赋值范围以外的成员显示仍然是灰色的。如图 3-31 所示，创建了一个数组常量，并将一个字符串常量放到空数组中，然后给它赋值 "abc"。

在程序框图设计中，对一个数组进行操作，包括求数组的长度、对数据排序、取出数组中的元素、替换数组中的元素或初始化数组等各种运算。传统编程语言主要依靠各种数组函数来实现这些运算，而在 LabVIEW 中，这些函数是以功能函数节点的形式来表现的。

实例 6　数组数据操作

一、学习目标

掌握数组数据的创建与操作方法。

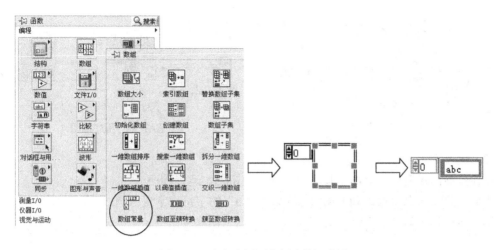

图 3-31　在程序框图中创建数组常量

二、设计任务

（一）任务 1

1．任务描述

使用初始化数组函数建立一个所有成员全部相同的数组。

2．任务实现

（1）程序前面板设计

新建 VI。切换到 LabVIEW 的前面板窗口，通过控件选板给程序前面板添加控件。

1）添加 1 个数组控件：控件→数组、矩阵与簇→数组。标签为"数组"。

2）添加 1 个字符串显示控件：控件→字符串与路径→字符串显示控件。将字符串显示控件移到数组控件数据显示区框架中。

3）选中数组控件索引框，其周围出现方框，把鼠标指针放在下方框上，向下拖动鼠标增加索引框数量，将数组维数设置为 2；选中数组控件数据显示区框架，其周围出现方框，把鼠标指针放在下方框或右方框上，向下和向右拖动就可增加数组成员数量，显示更多数据，本例将成员数量设置为 3 行 4 列。

设计的程序前面板如图 3-32 所示。

（2）程序框图设计

切换到 LabVIEW 的程序框图窗口，添加节点与连线。

1）添加 1 个初始化数组函数：函数→数组→初始化数组。把鼠标指针放在函数节点下方框上，向下拖动将输入端口"维数大小"设置为 2 个。

2）添加 1 个字符串常量：函数→字符串→字符串常量。将值设为"a"。

3）添加 2 个数值常量：函数→数值→数值常量。将值分别设为"3"和"4"。

4）将字符串常量"a"与初始化数组函数的输入端口"元素"相连。

5）将数值常量"3""4"分别与初始化数组函数的 2 个输入端口"维数大小"相连。

6）将初始化数组函数的输出端口"初始化的数组"与数组控件的输入端口相连。

连线后的程序框图如图 3-33 所示。

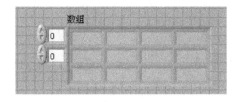
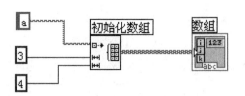

图 3-32　程序前面板　　　　　　　　　　　　图 3-33　程序框图

（3）运行程序

切换到前面板窗口，单击工具栏"运行"按钮⬜，运行程序。

本例创建了一个 3 行 4 列，所有成员都是"a"的字符串常量数组。

程序运行界面如图 3-34 所示。

（二）任务 2

1. 任务描述

将多个数值或字符串创建成一个一维数组。

2. 任务实现

（1）程序前面板设计

新建 VI。切换到 LabVIEW 的前面板窗口，通过控件选板给程序前面板添加控件。

1）添加 1 个数组控件：控件→数组、矩阵与簇→数组。标签为"数值数组"。

2）添加 1 个数值显示控件：控件→数值→数值显示控件。将数值显示控件移到"数值数组"控件数据显示区框架中。将"数值数组"成员数量设置为 3 列。

3）添加 1 个数组控件：控件→数组、矩阵与簇→数组。标签为"字符串数组"。

4）添加 1 个字符串显示控件：控件→字符串与路径→字符串显示控件。将字符串显示控件移到"字符串数组"控件数据显示区框架中。将"字符串数组"成员数量设置为 3 列。

设计的程序前面板如图 3-35 所示。

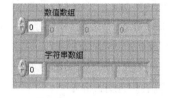

图 3-34　程序运行界面　　　　　　　　　　　图 3-35　程序前面板

（2）程序框图设计

切换到 LabVIEW 的程序框图窗口，调整控件位置，添加节点与连线。

1）添加 2 个创建数组函数：函数→数组→创建数组。把鼠标放在函数节点下方框上，向下拖动将输入端口"元素"设置为 3 个。

2）添加 3 个数值常量：函数→数值→数值常量。将值分别设为"12""30""5"。

3）添加 3 个字符串常量：函数→字符串→字符串常量。将值分别设为"Study""LabVIEW""2015"。

4）将数值常量"12""30""5"分别与创建数组函数（左）的 3 个输入端口"元素"相连。

5）将创建数组函数（左）的输出端口"添加的数组"与"数值数组"控件的输入端口相连。

6）将字符串常量"Study""LabVIEW""2015"分别与创建数组函数（右）的3个输入端口"元素"相连。

7）将创建数组函数（右）的输出端口"添加的数组"与"字符串数组"控件的输入端口相连。

连线后的程序框图如图3-36所示。

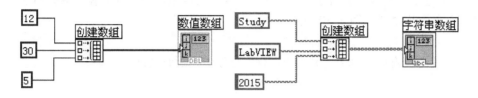

图3-36 程序框图

（3）运行程序

切换到前面板窗口，单击工具栏"运行"按钮⬇，运行程序。

本例中将3个数值形成一个一维数值数组；将3个字符串形成一个一维字符串数组。

程序运行界面如图3-37所示。

（三）任务3

1．任务描述

将多个一维数组创建成一个二维数组。

2．任务实现

（1）程序前面板设计

新建VI。切换到LabVIEW的前面板窗口，通过控件选板给程序前面板添加控件。

1）添加1个数组控件：控件→数组、矩阵与簇→数组。标签为"数组"。

2）添加1个数值显示控件：控件→数值→数值显示控件。将数值显示控件移到数组控件数据显示区框架中。先将数组维数设置为2，再将成员数量设置为2行3列。

设计的程序前面板如图3-38所示。

图3-37 程序运行界面

图3-38 程序前面板

（2）程序框图设计

切换到LabVIEW的程序框图窗口，添加节点与连线。

1）添加1个创建数组函数：函数→数组→创建数组。把鼠标指针放在函数节点下方框上，向下拖动将输入端口"元素"设置为2个。

2）添加 1 个数组常量：函数→数组→数组常量。

向数组常量数据显示框架中添加数值常量。把鼠标指针放在数组常量右侧方框上，向右拖动将数组常量列数设置为3，分别输入数值"1""2""3"。

3）再添加 1 个数组常量：函数→数组→数组常量。

向数组常量数据显示框架中添加数值常量。把鼠标指针放在数组常量右侧方框上，向右拖动将数组常量列数设置为3，分别输入数值"4""5""6"。

4）将 2 个数组常量分别与创建数组函数的 2 个输入端口"元素"相连。

5）将创建数组函数的输出端口"添加的数组"与数值数组控件的输入端口相连。

连线后的程序框图如图 3-39 所示。

（3）运行程序

切换到前面板窗口，单击工具栏"运行"按钮，运行程序。

本例将两个一维数组合成一个二维数组。

程序运行界面如图 3-40 所示。

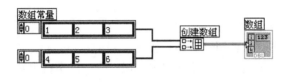
图 3-39　程序框图

图 3-40　程序运行界面

3.6　簇数据

簇是 LabVIEW 中一个比较特别的数据类型，它可以将几种不同的数据类型集中到一个单元中从而形成一个整体。

3.6.1　簇数据的组成

在程序设计时，仅有整型、浮点型、布尔型、字符串型和数组型数据是不够的，有时为便于引用，还需要将不同的数据类型组合成一个有机的整体。例如，一个学生的学号、姓名、性别、年龄、成绩和家庭地址等数据项，这些数据项都与某一个学生相关联。如果将这些数据项分别定义为相互独立的简单变量，是难以反映它们之间的内在联系的。应当把它们组成一个组合项，在组合项中再包含若干个类型不同（当然也可以相同）的数据项。簇就是这样一种数据结构。

簇是一种类似数组的数据结构，用于分组数据。一个簇就是一个由若干不同数据类型的成员组成的集合体，类似于 C 语言中的结构体。可以把簇想象成一束通信电缆线，电缆中每一根线就是簇中一个不同的数据元素。

使用簇可以为编程带来以下的便利：

1）簇通常可将程序框图中多个地方的相关数据元素集中到一起，这样只需一条数据连线即可把多个节点连接到一起，减少了众多数据连线。

2）子程序有多个不同数据类型的参数输入、输出时，把它们攒成一个簇可以减少连接板上端口的数量。

3）某些控件和函数必须要簇这种数据类型的参数。

簇的成员可以是任意的数据类型，但是必须同时都是输入控件或同时都是显示控件。

3.6.2　簇数据的创建

（1）在前面板上创建簇

在前面板设计时，簇的创建类似于数组的创建。首先在控件选板数组、矩阵与簇子选板中创建簇的框架，然后向框架中添加所需的元素，最后根据编程需要更改簇和簇中各元素的名称。这个簇的数据类型以及它是输入还是显示完全取决于放入的对象。如图 3-41 所示在前面板中创建了一个簇，簇中放入了一个数值输入控件，一个字符串输入控件，一个布尔型指示灯控件。

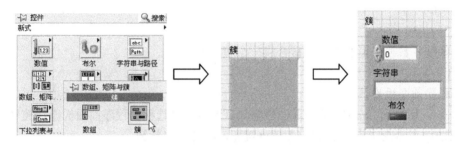

图 3-41　在前面板创建簇

在 LabVIEW 中，簇只能包含输入和显示中的一种，不能既包含输入又包含显示。但可以用修饰子选板中的图形元素将二者集中在一起，但这种集中仅是位置上的集中。

（2）在程序框图中创建簇常量

在程序框图中创建簇常量类似于在前面板上创建簇。先从函数选板簇与变体函数子选板中选择簇常量的框架放到程序框图中，然后根据需要选择一些数据常量放到簇框架中。如图 3-42 所示创建了一个簇常量，并将一个数值常量，一个字符串常量，一个布尔型常量放到簇框架中。用上述方法创建的簇常量，其成员还没有有效的值，从外观上看都显示为灰色。可根据需要用操作工具或定位工具为簇成员逐个赋值。

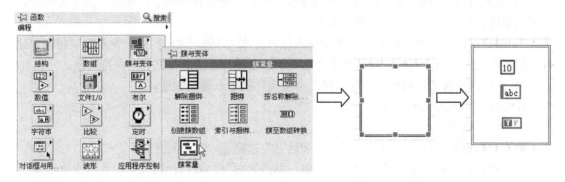

图 3-42　在程序框图中创建簇常量

也可以把前面板上的簇控件拖动或复制到程序框图窗口中产生一个簇常量。只有数值型成员的簇边框是棕色的,其他为粉红色。

簇成员按照它们放入簇的先后顺序排序,将簇框架中的第一个对象标记为 0,放入的第二个对象标记为 1,依此类推。如果要访问簇中单个元素,必须记住簇顺序,因为簇中的单个元素是按顺序而不是按名称访问的。

在程序框图设计中,用户在使用一个簇时,主要是访问簇中的各个元素,或由不同类型但相互关联的数据组成一个簇。

实例 7　簇数据操作

一、学习目标

掌握簇数据的创建与操作方法。

二、设计任务

(一) 任务 1

1. 任务描述

将一些基本数据类型的数据元素合成一个簇数据。

2. 任务实现

(1) 程序前面板设计

新建 VI。切换到 LabVIEW 的前面板窗口,通过控件选板给程序前面板添加控件。

1) 添加 1 个旋钮控件:控件→数值→旋钮。标签为"旋钮"。

2) 添加 1 个开关控件:控件→布尔→翘板开关。标签为"布尔"。

3) 添加 1 个字符串输入控件:控件→字符串与路径→字符串输入控件,标签为"字符串"。

4) 添加 1 个簇控件:控件→数组、矩阵与簇→簇。标签为"簇"。将簇控件框架放大。

5) 分别将 1 个数值显示控件、1 个圆形指示灯控件、1 个字符串显示控件放入簇控件框架中。

设计的程序前面板如图 3-43 所示。

(2) 程序框图设计

切换到 LabVIEW 的程序框图窗口后,调整控件位置,添加节点与连线。

1) 添加 1 个捆绑函数:函数→簇与变体→捆绑。把鼠标指针放在函数节点下方框上,向下拖动将输入端口"元素"设置为 3 个。

2) 将旋钮控件、开关控件、字符串输入控件分别与捆绑函数的 3 个输入端口相连。此时,捆绑函数的 3 个输入端口数据类型发生变化,自动与连接的数据类型保持一致。

3) 将捆绑函数的输出端口"输出簇"与簇控件的输入端口相连。

连线后的程序框图如图 3-44 所示。

(3) 运行程序

切换到前面板窗口,单击工具栏"连续运行"按钮 🔁,运行程序。

转动旋钮,单击布尔开关,输入字符串,单击界面空白处,在簇数据中显示变化结果。

程序运行界面如图 3-45 所示。

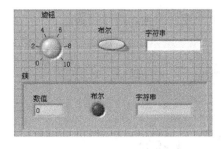
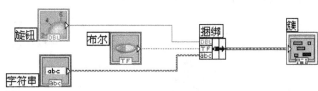

图 3-43　程序前面板　　　　　　　　　　　图 3-44　程序框图

（二）任务 2

1．任务描述

将一个簇中的每个数据成员进行分解，并将分解后的数据成员作为函数的结果输出。

2．任务实现

（1）程序前面板设计

新建 VI。切换到 LabVIEW 的前面板窗口，通过控件选板给程序前面板添加控件。

1）添加 1 个簇控件：控件→数组、矩阵与簇→簇。标签为"簇"。将簇控件框架放大。

2）分别将 1 个旋钮控件、1 个数值输入控件、1 个布尔开关控件、1 个字符串输入控件放入簇控件框架中。

3）添加 2 个数值显示控件：控件→数值→数值显示控件。标签分别改为"旋钮输出"和"数值输出"。

4）添加 1 个指示灯控件：控件→布尔→圆形指示灯。标签改为"布尔输出"。

5）添加 1 个字符串显示控件：控件→字符串与路径→字符串显示控件。标签改为"字符串输出"。

设计的程序前面板如图 3-46 所示。

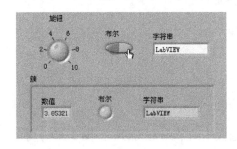

图 3-45　程序运行界面　　　　　　　　　　图 3-46　程序前面板

（2）程序框图设计

切换到 LabVIEW 的程序框图窗口，调整控件位置，添加节点与连线。

1）添加 1 个解除捆绑函数：函数→簇与变体→解除捆绑。

2）将簇控件的输出端口与解除捆绑函数的输入端口"簇"相连。

当一个簇数据与解除捆绑函数的输入端口相连时，其输出端口数量和数据类型自动与簇数据成员一一对应。

3）将解除捆绑函数的输出端口"旋钮""数值""布尔""字符串"分别与"旋钮输出"

控件、"数值输出"控件、"布尔输出"控件、"字符串输出"控件的输入端口相连。

连线后的程序框图如图 3-47 所示。

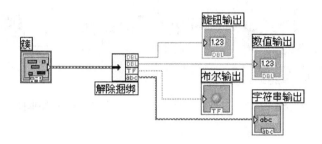

图 3-47　程序框图

（3）运行程序

切换到前面板窗口，单击工具栏"连续运行"按钮 ⊠，运行程序。

在簇数据中转动旋钮、改变数值大小、单击布尔开关、输入字符串，单击界面空白处，旋钮输出值、数值输出值、布尔输出值、字符串输出值发生同样变化。

程序运行界面如图 3-48 所示。

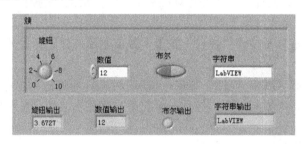

图 3-48　程序运行界面

3.7　VI 数据运算

3.7.1　基本数学运算

LabVIEW 中的数学运算主要由函数选板数值子选板中的节点完成的，如图 3-49 所示。数值子选板由基本数学运算节点、类型转换节点、复数节点和附加常数节点等组成。

基本数学运算节点主要实现加、减、乘、除等基本运算。基本数学运算节点支持数值量输入。与一般编程语言提供的运算符相比，LabVIEW 中数学运算节点功能更强，使用更灵活，它不仅支持单一的数值量输入，还支持处理不同类型的复合型数值量，比如由数值量构成的数组和簇。

3.7.2　比较运算

比较运算也就是通常所说的关系运算，比较运算节点包含在函数选板的比较函数子选板中，如图 3-50 所示。

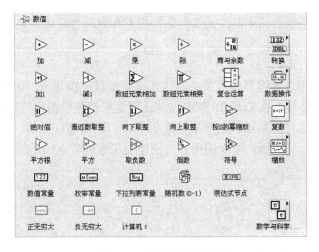

图 3-49　数值函数子选板

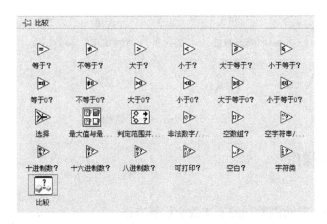

图 3-50　比较函数子选板

在 LabVIEW 中，可以进行以下几种类型的比较：数字值的比较、布尔值的比较、字符串的比较以及簇的比较。

（1）数字值的比较

比较节点在比较两个数字值时，会先将其转换为同一类型的数字。当一个数字值和一个非数字相比较时，比较节点将返回一个表示二者不相等的值。

（2）布尔值的比较

两个布尔值相比较时，"真"值比"假"值大。

（3）字符串的比较

字符串的比较是按照字符在 ASCII 表中的等价数字值进行比较的。例如，字符"a"（在 ASCII 表中的值为"97"）大于字符"A"（值为"65"）；字符"A"大于字符"O"（值为"48"）。当两个字符串进行比较时，比较节点会从这两个字符串的第一个字符开始逐个比较，直至有两个字符不相等为止，并按照这两个不相等字符的大小确定整个字符串的大小。

（4）簇的比较

簇的比较与字符串的比较类似，比较时，从簇的第 0 个元素开始，直至有一个元素不相等为止。簇中元素的个数必须相同，元素的数据类型和顺序也必须相同。

3.7.3 逻辑运算

传统编程语言使用逻辑运算符将关系表达式或逻辑量连接起来，形成逻辑表达式，逻辑运算符包括与、或、非等。在LabVIEW中这些逻辑运算符是以图标的形式出现的。

逻辑运算节点包含在函数选板的布尔子选板中，如图3-51所示。逻辑运算节点的图标与集成电路常用逻辑符号一致，可以使用户方便地使用这些节点而无须重新记忆。

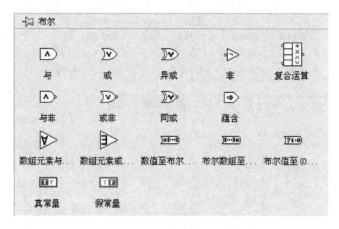

图3-51　布尔函数子选板

实例8　数据运算操作

一、学习目标

1．掌握数值型、数组型数据的基本数学运算方法。

2．掌握数值型数据的比较运算和逻辑运算方法。

二、设计任务

（一）任务1

1．任务描述

将某数值与一个数值常量相减，结果求绝对值后输出显示。

2．任务实现

（1）程序前面板设计

新建VI。切换到LabVIEW的前面板窗口，通过控件选板给程序前面板添加控件。

1）为了输入数值，添加1个数值输入控件：控件→数值→数值输入控件，将标签改为"a"。

2）为了显示数值，添加3个数值显示控件：控件→数值→数值显示控件，将标签分别改为"数值常量""相减输出""绝对值输出"。

设计的程序前面板如图3-52所示。

（2）程序框图设计

切换到LabVIEW的程序框图窗口，调整控件位置，添加节点与连线。

1）添加1个减函数：函数→数值→减。

2）添加1个数值常量：函数→数值→数值常量。将值设为"20"。

3）添加1个绝对值函数：函数→数值→绝对值。

4）将数值输入控件的输出端口与减函数的输入端口"x"相连。

5）将数值常量"20"与减函数的输入端口"y"相连。

6）将数值常量"20"与"数值常量"显示控件的输入端口相连。

7）将减函数的输出端口"x-y"与"相减输出"数值显示控件的输入端口相连。

8）将减函数的输出端口"x-y"与绝对值函数的输入端口"x"相连。

9）将绝对值函数的输出端口"abs(x)"与"绝对值输出"数值显示控件的输入端口相连。

连线后的程序框图如图3-53所示。

图3-52　程序前面板

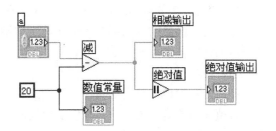

图3-53　程序框图

（3）运行程序

切换到前面板窗口，单击工具栏"连续运行"按钮，运行程序。

改变数值输入控件a的值，与数值常量20相减求绝对值后输出结果。

程序运行界面如图3-54所示。

（二）任务2

1．任务描述

当2个数值同时大于某个数值时，指示灯的颜色发生变化。

2．任务实现

（1）程序前面板设计

新建VI。切换到LabVIEW的前面板窗口，通过控件选板给程序前面板添加控件。

1）添加2个数值输入控件：控件→数值→数值输入控件。将标签分别改为"a"和"b"。

2）添加1个指示灯控件：控件→布尔→圆形指示灯。将标签改为"指示灯"。

设计的程序前面板如图3-55所示。

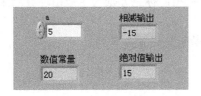

图3-54　程序运行界面

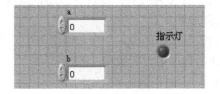

图3-55　程序前面板

（2）程序框图设计

切换到 LabVIEW 的程序框图窗口，调整控件位置，添加节点与连线。

1）添加 2 个比较函数：函数→比较→大于？，标签分别为"比较函数 1"和"比较函数 2"。

2）添加 2 个数值常量：函数→数值→数值常量。将数值均设为"5"。

3）添加 1 个布尔"与"函数：函数→布尔→与。

4）将数值 a 控件的输出端口与比较函数 1 的输入端口"x"相连。

5）将数值常量"5"与比较函数 1 的输入端口"y"相连。

6）将数值 b 控件的输出端口与比较函数 2 的输入端口"x"相连。

7）将数值常量"5"与比较函数 2 的输入端口"y"相连。

8）将比较函数 1 的输出端口"x>y?"与逻辑"与"函数的输入端口"x"相连。

9）将比较函数 2 的输出端口"x>y?"与逻辑"与"函数的输入端口"y"相连。

10）将"与"函数的输出端口"x 与 y?"与指示灯控件的输入端口相连。

连线后的程序框图如图 3-56 所示。

（3）运行程序

切换到前面板窗口，单击工具栏"连续运行"按钮，运行程序。

改变数值 a 和数值 b 大小，当数值 a 和数值 b 同时大于数值 5 时，指示灯改变颜色。程序运行界面如图 3-57 所示。

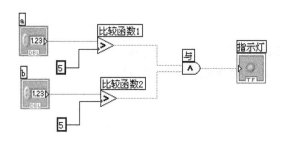 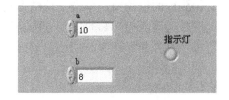

图 3-56　程序框图　　　　　　　　图 3-57　程序运行界面

（三）任务 3

1．任务描述

将数组常量与数值常量相加；将数组常量与数组常量相加。

2．任务实现

（1）程序前面板设计

新建 VI。切换到 LabVIEW 的前面板窗口，通过控件选板给程序前面板添加控件。

添加 2 个数组控件：控件→数组、矩阵与簇→数组，标签分别为"数组运算结果 1"和"数组运算结果 2"。

将数值显示控件放入 2 个数组框架中，将成员数量均设置为 5 列。

设计的程序前面板如图 3-58 所示。

（2）程序框图设计

切换到 LabVIEW 的程序框图窗口，调整控件位置，添加节点与连线。

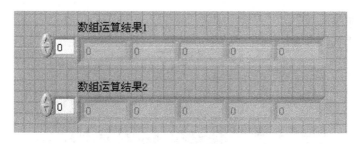

图 3-58   程序前面板

1）添加 3 个数组常量：函数→数组→数组常量，标签分别为"数组常量 1""数组常量 2""数组常量 3"。

往数组常量 1 中添加数值常量，将成员数量设置为 5 列，并输入数值"1""2""3""4""5"。

往数组常量 2 中添加数值常量，将成员数量设置为 5 列，并输入数值"6""7""8""9""10"。

往数组常量 3 中添加数值常量，将成员数量设置为 5 列，并输入数值"11""12""13""14""15"。

2）添加 1 个数值常量：函数→数值→数值常量，值改为"5"。

3）添加 2 个加函数：函数→数值→加，标签分别为"加函数 1"和"加函数 2"。

4）将数值常量"5"与加函数 1 的输入端口"x"相连。

5）将数组常量 1 与加函数 1 的输入端口"y"相连。

6）将加函数 1 的输出端口"x+y"与数组运算结果 1 显示控件的输入端口相连。

7）将数组常量 2 与加函数 2 的输入端口"x"相连。

8）将数组常量 3 与加函数 2 的输入端口"y"相连。

9）将加函数 2 的输出端口"x+y"与数组运算结果 2 显示控件的输入端口相连。

连线后的程序框图如图 3-59 所示。

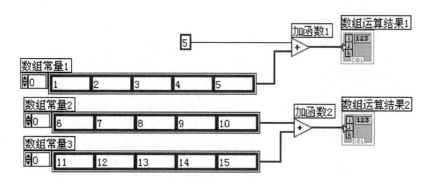

图 3-59   程序框图

（3）运行程序

切换到前面板窗口，单击工具栏"运行"按钮，运行程序。

数组运算结果 1 显示数组常量与数值常量相加的结果；数组运算结果 2 显示两个数组常

量各元素相加的结果。

程序运行界面如图 3-60 所示。

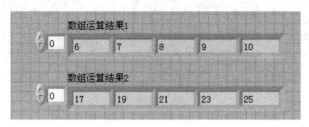

图 3-60　程序运行界面

第 4 章　LabVIEW 的程序流程控制

流程控制结构是 LabVIEW 编程的核心，也是区别于其他图形化编程开发环境的独特与灵活之处。流程控制具有结构化特征，也正是这些用于流程控制的机制使得 LabVIEW 的结构化程序设计成为可能。LabVIEW 提供的结构定义简单直观，但应用变换灵活，形式多种多样。

LabVIEW 提供了多种用来控制程序流程的结构，包括条件结构、顺序结构、循环结构等，这些结构在函数选板的结构子选板中，如图 4-1 所示。

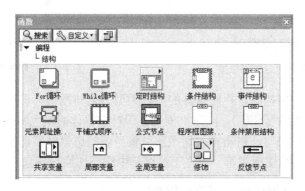

图 4-1　函数选板结构子选板

4.1　条件结构

4.1.1　条件结构的组成与建立

条件结构根据条件的不同控制程序执行不同的过程。

从函数选板的结构子选板上将条件结构拖至程序框图中放大，其原始形状如图 4-2 所示，由选择框架、条件选择端口、框架标识符、框架切换钮组成。

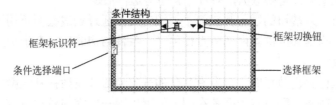

图 4-2　条件结构的组成

编程时，将外部控制条件连接至条件选择端口上，程序运行时选择端口会判断送来的控制条件，引导条件结构执行相应框架中的内容。

条件结构包含有多个子框图，每个子框图的程序代码与一个条件选项对应。这些子框图全部重叠在一起，一次只能看到一张。

LabVIEW 中的条件结构比较灵活，条件选择端口中的外部控制条件的数据类型有多种可选：布尔型、数字整型、字符串型或枚举型。

当控制条件为布尔型时，条件结构的框架标识符的值为真和假两种，即有真和假两种选择框架，这是 LabVIEW 默认的选择框架类型。

当控制条件为数字整型时，条件结构的框架标识符的值为整数 0，1，2，…，如图 4-3 所示。

当控制条件为字符串型时，条件结构的框架标识符的值为由双引号括起来的字符串，如"1"，选择框架的个数也是根据实际需要确定的，如图 4-4 所示。

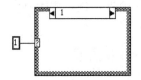

图 4-3　控制条件为数字整型

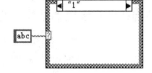

图 4-4　控制条件为字符串型

注意，在使用条件结构时，控制条件的数据类型必须与框架标识符中的数据类型一致，二者若不匹配，LabVIEW 会报错，同时，框架标识符中字体的颜色将变为红色。

在 VI 处于编辑状态时，单击框架切换钮可将当前的选择框架切换到前一个或后一个的选择框架；用鼠标单击框图标识符，可在下拉菜单中选择切换到任意一个选择框架中。

4.1.2　条件结构分支的添加、删除与排序

条件结构分支的添加、删除与排序可以右击边框，在弹出的快捷菜单中选择相应的选项完成。选择"在后面添加分支"在当前显示的分支后添加分支，选择"在前面添加分支"在当前显示的分支前添加分支，选择"复制分支"复制当前显示的分支。

当执行以上操作时，框架标识也随之更新以反映出插入或删除的子框图。选择重排分支进行分支排序时，在分支列表中将想要移动的分支直接拖拉到合适的位置即可。重新排序后的结构不会影响条件结构的运行性能，只是为了符合编程习惯而已。

4.1.3　条件结构数据的输入与输出

为了选择与框架外部交换数据，条件结构也有边框通道。

条件结构所有输入端口的数据其任何子框图都可以通过连线甚至不用连线也可使用。当外部数据连接到选择框架上供其内部节点使用时，条件结构的每一个子框架都能从该通道中获得输入的外部数据。

如果任一子框图输出数据时，则所有其他的分支也必须有数据从该数据通道输出。当其中一子框图连接了输出，则所有子框图在同一位置出现一中空的数据通道。只有所有子框图都连接了该输出数据，数据通道才会变为实心且程序才可运行。

LabVIEW 的条件结构与其他语言的条件结构相比，简洁明了，结构简单，不但相当于

C 语言中的 Switch 语句，还可以实现多个 if…else 语句的功能。

实例 9　条件结构操作

一、学习目标

掌握条件结构的创建与使用方法。

二、设计任务

（一）任务 1

1．任务描述

通过开关改变指示灯颜色，并显示开关状态信息。

2．任务实现

（1）程序前面板设计

新建 VI。切换到 LabVIEW 的前面板窗口，通过控件选板给程序前面板添加控件。

1）添加 1 个垂直滑动杆开关控件，将标签改为"开关"。

2）添加 1 个字符串显示控件。

3）添加 1 个圆形指示灯控件。将标签改为"指示灯"。

设计的程序前面板如图 4-5 所示。

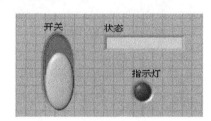

图 4-5　程序前面板

（2）程序框图设计

切换到 LabVIEW 的程序框图窗口，调整控件位置，添加节点与连线。

1）添加 1 个条件结构：函数→结构→条件结构。

2）在条件结构的"真"选项中添加 1 个字符串常量。值设为"打开!"。

3）在条件结构的"真"选项中添加 1 个布尔真常量。

4）在条件结构的"假"选项中添加 1 个字符串常量。值设为"关闭!"。

5）在条件结构的"假"选项中添加 1 个布尔假常量。

6）将开关控件与条件结构的选择端口"?"相连。

7）将条件结构"真"选项中的字符串常量"打开!"与"状态"字符串显示控件相连。

8）将条件结构"真"选项中的真常量与指示灯控件相连。

9）将条件结构"假"选项中的字符串常量"关闭!"与"状态"字符串显示控件相连。

10）将条件结构"假"选项中的假常量与指示灯控件相连。

连线后的程序框图如图 4-6 所示。

（3）运行程序

切换到前面板窗口，单击工具栏"连续运行"按钮，运行程序。

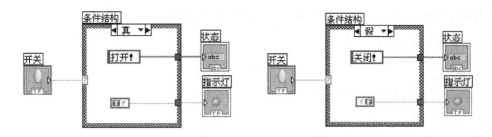

图 4-6　程序框图

在程序前面板单击开关，指示灯颜色发生变化，状态文本框显示"打开！"或"关闭！"。程序运行界面如图 4-7 所示。

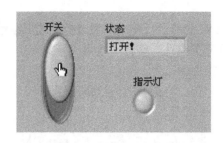

图 4-7　程序运行界面

（二）任务 2

1．任务描述

通过单选按钮，分别显示数值和字符串。

2．任务实现

（1）程序前面板设计

新建 VI。切换到 LabVIEW 的前面板窗口，通过控件选板给程序前面板添加控件。

1）添加 1 个单选按钮控件：控件→布尔→单选按钮。将标识"单选选项 1"改为"显示数值"，将标识"单选选项 2"改为"显示字符串"。

2）添加 1 个数值显示控件。

3）添加 1 个字符串显示控件。

设计的程序前面板如图 4-8 所示。

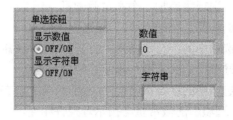

图 4-8　程序前面板

（2）程序框图设计

切换到 LabVIEW 的程序框图窗口，调整控件位置，添加节点与连线。

1）添加1个条件结构：函数→结构→条件结构。

2）将单选按钮控件与条件结构的选择端口"？"相连。此时条件结构的框架标识符发生变化，"真"变为"显示数值"，"假"变为"显示字符串"。

3）在条件结构"显示数值"选项中添加1个数值常量。值设为"100"。

4）将数值显示控件的图标移到条件结构的"显示数值"选项框架中。

5）将数值常量"100"与数值显示控件相连。

6）在条件结构"显示字符串"选项中添加1个字符串常量。值设为"LabVIEW"。

7）将字符串显示控件的图标移到条件结构的"显示字符串"选项框架中。

8）将字符串常量"LabVIEW"与字符串显示控件相连。

连线后的程序框图如图4-9所示。

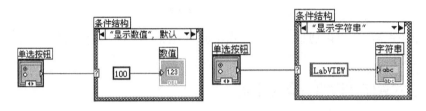

图4-9　程序框图

（3）运行程序

切换到前面板窗口，单击工具栏"连续运行"按钮，运行程序。

首先显示数值"100"，单击"显示字符串"选项后，显示字符串"LabVIEW"。

程序运行界面如图4-10所示。

图4-10　程序运行界面

4.2　顺序结构

LabVIEW中程序的运行顺序依据数据流的走向而定，因此可以依靠数据连线来限定程序执行顺序，另外还可以通过顺序结构来强制规定程序执行顺序。

LabVIEW提供了两种顺序结构：平铺式顺序结构和层叠式顺序结构。

4.2.1　平铺式顺序结构的组成与建立

平铺式顺序结构像一卷展开的电影胶片，所有的子框图在一个平面上。在执行过程中按由左至右的顺序依次执行到最后边的一个子框图。顺序结构的每一个子框图又被称为一个

"帧"，子框图从 0 开始依次编号。

从函数选板的结构子选板上将平铺式顺序结构拖至程序框图中放大，这时只有一个子框图，如图 4-11a 所示。右击顺序结构边框，在弹出的快捷菜单中选择"在后面添加帧"或"在前面添加帧"，就可添加框架，增加子框图后的平铺顺序结构如图 4-11b 所示。

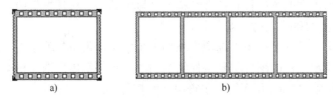

图 4-11　平铺式顺序结构

a) 单框架　b) 多框架

平铺式顺序结构不可以通过复制的方式增加子框图，各个子框图的节点可以通过直接连线来传递数据。

4.2.2　层叠式顺序结构的组成与建立

层叠式顺序结构将所有的子框图全部重叠在一起，每次只能看到一个子框图，执行时按照子框图的排列序号执行。

LabVIEW 2015 版结构子选板中没有直接提供层叠式顺序结构，所以需要从函数选板的结构子选板上将平铺式顺序结构拖至程序框图中，右击边框，出现快捷菜单，选择"替换为层叠式顺序"，其原始形状如图 4-12a 所示，这时只有一个子框图，类似胶片的框架组成，框架内部就是需要控制执行顺序的程序体。

按照上述方法创建的是单框架顺序结构，只能执行一步操作。但大多数情况下，用户需要按顺序执行多步操作。因此，需要在单框架的基础上创建多框架顺序结构。

右击顺序结构边框，在弹出的快捷菜单中选择"在后面添加帧"或"在前面添加帧"，就可添加框架，增加子框图后的层叠顺序结构如图 4-12b 所示。边框的顶部出现子框图标识框，它的中间是子框图标识，显示出当前框在顺序结构序列中的号码（0 到 $n-1$），以及此顺序结构共有几个子框图。子框图标识两边分别是降序、升序按钮，单击它们可以分别查看前一个或后一个子框图。

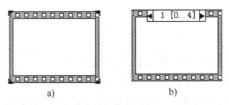

图 4-12　层叠式顺序结构的组成

a) 单框架　b) 多框架

程序运行时，顺序结构就会按框图标识符 0，1，2…的顺序逐步执行各个框架中的程序。

在程序编辑状态时用鼠标单击递增/递减按钮可将当前编号的顺序框架切换到前一编号

或后一编号的顺序框架；用鼠标单击框架标识符，可从下拉菜单中选择切换到任一编号的顺序框架，如图4-13所示。

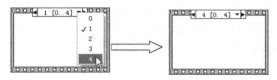

图4-13　顺序框架的切换

为与顺序框架外部的程序节点进行数据交换，顺序结构中设有框架数据通道。顺序结构任何子框图都可以通过连线使用数据通道输入端口的数据，但是每个子框图向外输出数据时，只能有一个子框图连接这个数据的通道的输出端口，并且这个通道上的数据只有所有的子框图执行完后才能输出。

4.2.3　顺序结构局部变量的创建

在编程时还常常需要将前一个顺序框架中产生的数据传递到后续顺序框架中使用，为此LabVIEW在顺序框架中引入了局部变量的概念，通过顺序局部变量结果，就可以在顺序框架中向后传递数据。

在各个子框图之间传递数据，层叠顺序结构要借助于顺序局部变量。

建立层叠式顺序结构局部变量的方法是右击顺序式结构边框，在弹出的快捷菜单中选择"添加顺序局部变量"。这时边框上出现一个黄色小方框，这个小方框连接数据后中间出现一个指向顺序结构框外的箭头，并且颜色也变为与连接的数据类型相符，这时一个数据已经存储到顺序局部变量中，如图4-14a所示。

不能在顺序局部变量赋值之前的子框图访问这个数据，在这些子框图中顺序局部变量图标没有箭头，也不允许连线。例如在1号子框图为顺序局部变量赋值，就不能在0号子框图访问顺序局部变量。在为顺序局部变量赋值的子框图之后，所有子框图都可以访问这个数据，这些顺序局部变量图标都有一个向内的箭头，如图4-14b所示。

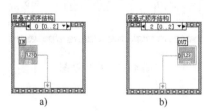

a)　　　　　　　b)

图4-14　顺序结构局部变量的创建

实例10　平铺式顺序结构操作

一、学习目标

掌握平铺式顺序结构的创建与使用方法。

二、设计任务

1. 任务描述

使用平铺式顺序结构，将前一个框架中产生的数据传递到后续框架中使用。

2．任务实现

（1）程序前面板设计

新建 VI。切换到 LabVIEW 的前面板窗口，通过控件选板给程序前面板添加控件。

1）添加 1 个数值输入控件。将标签改为"IN"。

2）添加 1 个数值显示控件。将标签改为"OUT"。

设计的程序前面板如图 4-15 所示。

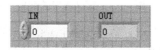

图 4-15　程序前面板

（2）程序框图设计

切换到 LabVIEW 的程序框图窗口，调整控件位置，添加节点与连线。

1）添加 1 个顺序结构：函数→结构→平铺式顺序结构。

将顺序结构框架设置为 4 个（0～3）。设置方法：右击顺序式结构右边框，弹出快捷菜单，选择"在后面添加帧"，执行 3 次。

2）将数值输入控件的图标移到顺序结构框架 0 中（最左边的框架）；将数值显示控件的图标移到顺序结构框架 3 中（最右边的框架）。

3）在顺序结构框架 2 中添加 1 个"时间延迟"定时函数。延迟时间设置为 5s。

4）将顺序结构框架 0 中的数值输入控件直接与顺序结构框架 3 中的数值显示控件相连。

连线后的程序框图如图 4-16 所示。

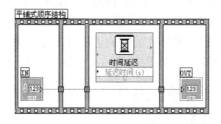

图 4-16　程序框图

（3）运行程序

切换到前面板窗口，单击工具栏"连续运行"按钮，运行程序。

在数值输入控件中输入数值，如"8"，单击界面空白处，隔 5s 后，在数值输出显示控件中显示"8"。程序运行界面如图 4-17 所示。

图 4-17　程序运行界面

实例 11　层叠式顺序结构操作

一、学习目标

掌握层叠式顺序结构的创建与使用方法。

二、设计任务

（一）任务 1

1．任务描述

使用层叠式顺序结构，先显示一个字符串，隔 5s 后再显示一个数值。

2．任务实现

（1）程序前面板设计

新建 VI。切换到 LabVIEW 的前面板窗口，通过控件选板给程序前面板添加控件。

1）添加 1 个字符串显示控件。标签为"字符串"。

2）添加 1 个数值显示控件。标签为"数值"。

设计的程序前面板如图 4-18 所示。

图 4-18　程序前面板

（2）程序框图设计

切换到 LabVIEW 的程序框图窗口，调整控件位置，添加节点与连线。

1）添加 1 个顺序结构：函数→结构→平铺式顺序结构，右击结构边框，出现快捷菜单，选择"替换为层叠式顺序"。

将顺序结构框架设置为 3 个（0～2）。设置方法：右击顺序式结构上边框，弹出快捷菜单，选择"在后面添加帧"，执行 2 次。

2）在顺序结构框架 0 中添加 1 个字符串常量。值设为"LabVIEW 2015"。

3）将字符串显示控件的图标移到在顺序结构框架 0 中，将字符串常量"LabVIEW 2015"与字符串显示控件相连，如图 4-19 所示。

4）在顺序结构框架 1 中添加 1 个"时间延迟"定时函数。延迟时间设为 5s，如图 4-20 所示。

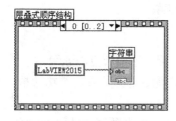

图 4-19　程序框图 1

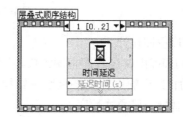

图 4-20　程序框图 2

5）在顺序结构框架 2 中添加 1 个数值常量。将值设为"100"。

6）将数值显示控件的图标移到在顺序结构框架 2 中，将数值常量"100"与数值显示控件相连，如图 4-21 所示。

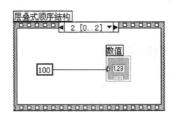

图 4-21　程序框图 3

（3）运行程序

切换到前面板窗口，单击工具栏"运行"按钮，运行程序。

层叠式顺序结构执行时按照子框图的排列序号执行。本例程序运行后先显示字符串"LabVIEW 2015"，隔 5s 后，显示数值"100"。程序运行界面如图 4-22 所示。

图 4-22　程序运行界面

（二）任务 2

1．任务描述

使用层叠式顺序结构，将前一个框架中产生的数据传递到后续框架中使用。

2．任务实现

（1）程序前面板设计

新建 VI。切换到 LabVIEW 的前面板窗口，通过控件选板给程序前面板添加控件。

1）添加 1 个数值输入控件。将标签改为"IN"。

2）添加 1 个数值显示控件。将标签改为"OUT"。

设计的程序前面板如 4-23 所示。

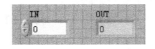

图 4-23　程序前面板

（2）程序框图设计

切换到 LabVIEW 的程序框图窗口，调整控件位置，添加节点与连线。

1）添加 1 个顺序结构：函数→结构→平铺式顺序结构，右击结构边框，出现快捷菜单，选择"替换为层叠式顺序"。

将顺序结构框架设置为 3 个（0～2）。设置方法：右击顺序式结构上边框，弹出快捷菜单，选择"在后面添加帧"，执行 2 次。

2）将数值输入控件的图标移到顺序结构框架 0 中。

3）在顺序结构框架 1 中添加 1 个"时间延迟"定时函数。延迟时间设为 5s。

4）将数值显示控件的图标移到顺序结构框架 2 中。

5）切换到顺序结构框架 0，右击顺序式结构下边框，弹出快捷菜单，选择"添加顺序局部变量"。这时在下边框位置将出现一个黄色小方框。

6）在顺序结构框架 0 中，将数值输入控件与顺序局部变量小方框相连。小方框连接数据后，中间出现一个指向顺序结构框外的箭头，后续框架顺序局部变量小方框都有一个向内的箭头。

7）在顺序结构框架 2 中，将顺序局部变量小方框与数值显示控件相连。

连线后的程序框图如图 4-24 所示。

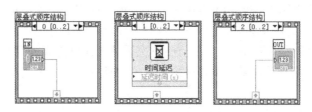

图 4-24　程序框图

（3）运行程序

切换到前面板窗口，单击工具栏"连续运行"按钮⑱，运行程序。

在数值输入控件中输入数值，如"8"，单击界面空白处，隔 5s 后，在数值显示控件中显示"8"。程序运行界面如图 4-25 所示。

图 4-25　程序运行界面

4.3　For 循环结构

4.3.1　For 循环结构的组成和建立

For 循环是 LabVIEW 最基本的结构之一，它执行指定次数的循环。For 循环就是使其边框内的代码即子程序框图重复执行，执行到计数端口预先确定的次数后跳出循环。

从函数选板的结构子选板上将 For 循环结构拖至程序框图中放大，其原始形状如图 4-26 所示。最基本的 For 循环结构由循环框架、计数端口、循环端口组成。

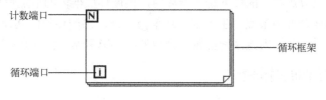

图 4-26　For 循环结构的组成

For 循环执行的是包含在循环框架内的程序节点。

循环端口初始值为 0，每次循环的递增步长为 1。注意，循环端口的初始值和步长在 LabVIEW 中是固定不变的，若要用到不同的初始值或步长，可对循环端口产生的数据进行一定的数据运算，也可用移位寄存器来实现。

计数端口设置循环次数 N，在程序运行前必须赋值。通常情况下，该值为整型，若将其他数据类型连接到该端口上，For 循环会自动将其转化为整型。

4.3.2 移位寄存器与框架通道

为实现 For 循环的各种功能，LabVIEW 在 For 循环中引入了移位寄存器和框架通道两个独具特色的新概念。

移位寄存器的功能是将第 i-1，i-2，i-3…次循环的计算结果保存在 For 循环的缓冲区内，并在第 i 次循环时将这些数据从循环框架左侧的移位寄存器中送出，供循环框架内的节点使用。

右击循环结构边框，在弹出的快捷菜单中选择"添加移位寄存器"，可创建一个移位寄存器，如图 4-27 所示。

用鼠标（定位工具状态）在左侧移位寄存器的右下角向下拖动，或右击左侧移位寄存器，在弹出的快捷菜单中选择"添加元素"，可创建多个左侧移位寄存器，如图 4-28 所示。

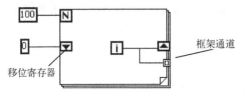

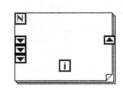

图 4-27　移位寄存器和框架通道　　　　图 4-28　创建多个移位寄存器

此时，在第 i 次循环开始时，左侧每一个移位寄存器便会将前几次循环由右侧移位寄存器存储到缓冲区的数据送出来，供循环框架内的各种节点使用。左侧第 1 个移位寄存器送出的是第 i-1 次循环时存储的数据，第 2 个移位寄存器送出的是第 i-2 次循环时存储的数据，第 3 个、第 4 个……移位寄存器送出的数据依此类推。数据在移位寄存器中流动。

当 For 循环在执行第 0 次循环时，For 循环的数据缓冲区并没有数据存储，所以，在使用移位寄存器时，必须根据编程需要对左侧的移位寄存器进行初始化，否则，左侧的移位寄存器在第 0 次循环时的输出值为默认值 0。另外，连至右侧移位寄存器的数据类型和用于初始化左侧移位寄存器的数据类型必须一致，例如都是数字型，或都是布尔型等。

框架通道是 For 循环与循环外部进行数据交换的数据通道，其功能是在 For 循环开始运行前，将循环外其他节点产生的数据送至循环内，供循环框架内的节点使用。还可在 For 循环运行结束时将循环框架内节点产生的数据送至循环外，供循环外的其他节点使用。用连线工具将数据连线从循环框架内直接拖至循环框架外，LabVIEW 会自动生成一个框架通道。

4.3.3 For 循环结构的时间控制

在循环条件满足的情况下，循环结构会以最快的速度执行循环体内的程序，即一次循环结束后将立即开始执行下一次循环。可以通过函数选板定时函数子选板中的时间延迟函数或等待下一个整数倍毫秒函数来控制循环的执行速度。

使用时间延迟函数：将时间延迟图标放入到循环框内，同时出现其属性对话框，在对话框中设置循环延迟时间。在程序执行到此函数时，就会等待到设置的延长时间，然后执行下一次循环。

使用等待下一个整数倍毫秒函数，其延迟时间设置可用数值常数直接赋值，以 ms（毫秒）为单位。

LabVIEW 没有类似于其他编程语言中的 Goto 之类的转移语句，故编程者不能随意将程序从一个正在执行的 For 循环中跳转出去。也就是说，一旦确定了 For 循环执行的次数，并当 For 循环开始执行后，就必须等其执行完相应次数的循环后，才能终止其运行。若在编程时确实需要跳出循环，可用 While 循环来替代。

实例 12　For 循环结构操作

一、学习目标

掌握 For 循环结构的创建与使用方法。

二、设计任务

（一）任务 1

1．任务描述

使用 For 循环结构，得到随机数并输出显示。

2．任务实现

（1）程序前面板设计

新建 VI。切换到 LabVIEW 的前面板窗口，通过控件选板给程序前面板添加控件。

添加 2 个数值显示控件。将标签分别改为"循环数"和"随机数:0-1"。

设计的程序前面板如图 4-29 所示。

图 4-29　程序前面板

（2）程序框图设计

切换到 LabVIEW 的程序框图窗口，调整控件位置，添加节点与连线。

1）添加 1 个数值常量。将值设为"10"。

2）添加 1 个 For 循环结构：函数→结构→For 循环。

3）将数值常量"10"与 For 循环结构的计数端口"N"相连。

以下在 For 循环结构框架中添加节点并连线。

4）添加 1 个随机数函数：函数→数值→随机数(0-1)。

5）添加 1 个数值常量。将值设为"1000"。

6）添加 1 个"等待下一个整数倍毫秒"定时函数。

7）将"循环数"数值显示控件、"随机数:0-1"数值显示控件的图标移到 For 循环结构框架中。

8）将随机数(0-1)函数的输出端口"数字(0-1)"与"随机数:0-1"数值显示控件相连。

9）将循环结构的循环端口与"循环数"数值显示控件相连。

10）将数值常量"1000"与等待下一个整数倍毫秒函数的输入端口"毫秒倍数"相连。

连线后的程序框图如图4-30所示。

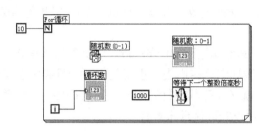

图4-30　程序框图

（3）运行程序

切换到前面板窗口，单击工具栏"运行"按钮，运行程序。

程序运行后每隔1000ms从0开始计数，直到9，并显示10个0~1的随机数。

程序运行界面如图4-31所示。

图4-31　程序运行界面

（二）任务2

1．任务描述

使用For循环结构，输入数值 n，求 $0+1+2+3+\cdots+n$ 的和并输出显示。

2．任务实现

（1）程序前面板设计

新建VI。切换到LabVIEW的前面板窗口，通过控件选板给程序前面板添加控件。

1）添加1个数值输入控件。将标签改为"n"。

2）添加1个数值显示控件。将标签改为"$0+1+2+3+\cdots+n$"。

设计的程序前面板如图4-32所示。

图4-32　程序前面板

（2）程序框图设计

切换到LabVIEW的程序框图窗口，调整控件位置，添加节点与连线。

1）添加1个数值常量量。值设为"0"。

2）添加1个For循环结构：函数→结构→For循环。

3）将数值输入控件与 For 循环结构的计数端口"N"相连。

以下在 For 循环结构框架中添加节点并连线。

4）添加 1 个"加"函数；添加 1 个"加 1"函数。

5）右击循环结构左边框，在弹出菜单中选择"添加移位寄存器"，创建一组移位寄存器。

6）将数值常量"0"与循环结构左侧的移位寄存器相连（寄存器初始化）。

7）将循环结构左侧的移位寄存器与"加"函数的输入端口"x"相连。

8）将循环结构的循环端口与"加 1"函数的输入端口"x"相连。

9）将"加 1"函数的输出端口"x+1"与"加"函数的输入端口"y"相连。

10）将"加"函数的输出端口"x+y"与循环结构右侧的移位寄存器相连。

11）将循环结构右侧的移位寄存器与数值输出控件相连。

连线后的程序框图如图 4-33 所示。

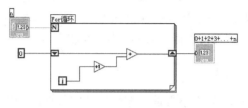

图 4-33　程序框图

（3）运行程序

切换到前面板窗口，单击工具栏"连续运行"按钮，运行程序。

在数值输入控件中输入数值，如"100"，单击界面空白处，求 0+1+2+3+…+100，并显示结果"5050"。程序运行界面如图 4-34 所示。

图 4-34　程序运行界面

4.4　While 循环结构

4.4.1　While 循环结构的组成和建立

While 循环控制程序反复执行一段代码，直到某个条件发生为止。当循环的次数不定时，就需用到 While 循环。

从函数选板的结构子选板上将 While 循环结构拖至程序框图中，其原始形状如图 4-35 所示。最基本的 While 循环由循环框架、循环端口及条件端口组成。

与 For 循环类似，While 循环执行的是包含在其循环框架中的程序模块，但执行的循环次数却不固定，只有当满足给定的条件时，才停止循环的执行。

循环端口是一个输出端口，它输出当前循环执行的次数，循环计数是从 0 开始的，每次循环的递增步长为 1。

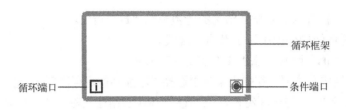

循环框架

循环端口

条件端口

图 4-35　While 循环结构的组成

条件端口的功能是控制循环是否执行。每次循环结束时，条件端口便会检测通过数据连线输入的布尔值。条件端口是一个布尔量，条件端口的默认值是"假"。如果条件端口值是"真"，那么执行下一次循环，直到条件端口的值为"假"时循环结束。

若在编程时不给条件端口赋值，则 While 循环只执行一次。输入端口程序在每一次循环结束时，才检查条件端口，因此，While 循环总是至少执行一次。

用鼠标（定位工具状态）在 While 循环框架的一角拖动，可改变循环框架的大小。While 循环也有框架通道和传递寄存器，其用法与 For 循环完全相同。

4.4.2　While 循环编程要点

由于循环结构在进入循环后将不再理会循环框外面数据的变化，因此产生循环终止条件的数据源（如停止按钮）一定要放在循环框内，否则会造成死循环。

While 循环的自动索引、循环时间控制方法及使用移位寄存器等功能与 For 循环也都是非常相似的。

因为 While 循环是由条件端口来控制的，所以，若在编程时不注意，则可能会出现死循环。如果连接到条件端口上的是一个布尔常量，其值为真，在程序运行时该值是固定不变的，则此 While 循环将永远运行下去。或由于编程时不注意而出现的逻辑错误，导致 While 循环出现死循环。

所以，用户在编程时要尽量避免这种情况的出现。通常的做法是，编程时在前面板上临时添加一个停止按钮，在程序框图放在循环结构中与条件端口相连。这样，程序运行时一旦出现逻辑错误而导致死循环时，可通过这个停止按钮来强行结束程序的运行。当然，出现死循环时，通过窗口工具条上的停止按钮也可以强行终止程序的运行。

在 LabVIEW 中 For 循环和 While 循环的区别是 For 循环在使用时要预先指定循环次数，当循环体运行了指定次数的循环后自动退出；而 While 循环则无须指定循环次数，只要满足循环退出的条件便退出相应的循环，如果无法满足循环退出的条件，则循环变为死循环。

实例 13　While 循环结构操作

一、学习目标

掌握 While 循环结构的创建与使用方法。

二、设计任务

（一）任务 1

1. 任务描述

使用 While 循环结构，得到随机数并输出显示。

2．任务实现

（1）程序前面板设计

新建 VI。切换到 LabVIEW 的前面板窗口，通过控件选板给程序前面板添加控件。

1）添加 2 个数值显示控件。将标签分别改为"循环数"和"随机数 0-1"。

2）添加 1 个停止按钮控件。

设计的程序前面板如图 4-36 所示。

图 4-36　程序前面板

（2）程序框图设计

切换到 LabVIEW 的程序框图窗口，调整控件位置，添加节点与连线。

1）添加 1 个 While 循环结构：函数→结构→While 循环。

以下在 While 循环结构框架中添加节点并连线。

2）添加 1 个随机数函数：函数→数值→随机数(0-1)。

3）添加 1 个数值常量。将值设为"1000"。

4）添加 1 个"等待下一个整数倍毫秒"定时函数。

5）将"循环数"数值显示控件、"随机数 0-1"数值显示控件、停止按钮控件的图标移到 While 循环结构框架中。

6）将随机数(0-1)函数的输出端口"数字(0-1)"与"随机数 0-1"数值显示控件相连。

7）将数值常量"1000"与等待下一个整数倍毫秒函数的输入端口"毫秒倍数"相连。

8）将循环结构的循环端口与"循环数"数值显示控件相连。

9）将停止按钮控件与循环结构的条件端口 ⊙ 相连。

连线后的程序框图如图 4-37 所示。

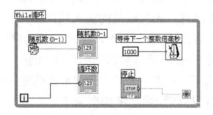

图 4-37　程序框图

（3）运行程序

切换到前面板窗口，单击工具栏"运行"按钮 ⇨，运行程序。

程序运行后每隔 1000ms 从 0 开始累加计数，并显示 0-1 的随机数。单击停止按钮退出循环终止程序。

程序运行界面如图 4-38 所示。

图 4-38　程序运行界面

（二）任务 2

1．任务描述

使用 While 循环结构，输入数值 n，求 $0+1+2+3+\cdots+n$ 的和并输出显示。

2．任务实现

（1）程序前面板设计

新建 VI。切换到 LabVIEW 的前面板窗口，通过控件选板给程序前面板添加控件。

1）添加 1 个数值输入控件。将标签改为"n"。

2）添加 1 个数值显示控件。将标签改为"$0+1+2+3+\cdots+n$"。

设计的程序前面板如图 4-39 所示。

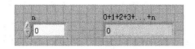

图 4-39　程序前面板

（2）程序框图设计

切换到 LabVIEW 的程序框图窗口，调整控件位置，添加节点与连线。

1）添加 1 个数值常量。值设为"0"。

2）添加 1 个 While 循环结构：函数→结构→While 循环。右击条件端口 ⬤，选择"真 (T)时继续"，条件端口形状变成 ↻。

以下在 While 循环结构框架中添加节点并连线。

3）添加 1 个"加"函数。

4）添加 1 个"小于?"比较函数。

5）右击循环结构左边框，在弹出菜单中选择"添加移位寄存器"，创建一组移位寄存器。

6）将数值常量"0"与循环结构左侧的移位寄存器相连（寄存器初始化）。

7）将循环结构左侧的移位寄存器与"加"函数的输入端口"x"相连。

8）将循环结构的循环端口与"加"函数的输入端口"y"相连。

9）将"加"函数的输出端口"x+y"与循环结构右侧的移位寄存器相连。

10）将循环结构右侧的移位寄存器与数值输出控件相连。

11）将循环结构的循环端口与"小于?"比较函数的输入端口"x"相连。

12）将数值输入控件的图标移到循环结构框架中，并与"小于?"比较函数的输入端口"y"相连。

13）将"小于?"比较函数的输出端口"x<y?"与循环结构的条件端口 ↻ 相连。

连线后的程序框图如图 4-40 所示。

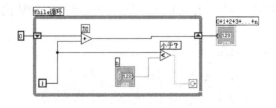

图 4-40　程序框图

（3）运行程序

切换到前面板窗口，单击工具栏"连续运行"按钮，运行程序。

在数值输入控件中输入数值，如"100"，单击界面空白处，求 0+1+2+3+…+100，并显示结果"5050"。程序运行界面如图 4-41 所示。

图 4-41　程序运行界面

4.5　定时结构

定时结构是一个经过改进的 While 循环，有了它，用户可以设定精确的代码定时、协调多个对时间要求严格的测量任务，并定义不同优先级的循环，以创建具备多采样率的应用程序。

在函数选板结构子选板中专门为定时结构设计了一个小的选板，如图 4-42 所示。在该选板中放置了多个 VIs 和 Express VIs，用于定时循环的设计与控制。

图 4-42　定时结构子选板

下面分别介绍这些 VIs 和 Express VIs 的功能。

1）定时循环：用于创建定时循环，是一种特殊的循环结构。

2）定时顺序：用于创建定时顺序结构，是一种特殊的顺序结构。

3）创建定时源：为定时循环创建时序源，有 1kHz 和 1MHz 两种选择。

4）清除定时源：用于停止和清除为定时循环创建的时序源。

5）同步定时结构开始：用于使多个定时循环同步运行。

6）定时结构停止：用于停止定时循环的运行。

7）创建定时源层次结构：用于创建定时循环的时序源层次。

定时循环是在 While 循环的基础上改进的，它具备 While 循环的基本特征：无须指定循环次数，依靠一定的退出条件退出循环。但是它有一些 While 循环所不具备的新功能。

定时顺序是一种在设定时间下按顺序执行程序框图内容的结构。它最大的好处是不用手动设置，自动按一定顺序进行。

定时顺序结构由一个或多个子程序框图（也称"帧"）组成，在内部或外部定时源控制下按顺序执行。与定时循环不同，定时顺序结构的每个帧只执行一次，不重复执行。

定时顺序结构适用于开发只执行一次的精确定时、执行反馈、定时特征等动态改变或有多层执行优先级的 VI。

右键单击定时顺序结构的边框可实现添加、删除、插入及合并帧等功能。

实例 14　定时循环结构操作

一、学习目标

掌握定时循环结构的创建与使用方法。

二、设计任务

（一）任务 1

1．任务描述

使用定时循环结构，得到随机数并输出显示。

2．任务实现

（1）程序前面板设计

新建 VI。切换到 LabVIEW 的前面板窗口，通过控件选板给程序前面板添加控件。

1）添加两个数值显示控件，将标签分别改为"循环数"和"随机数 0-1"。

2）添加 1 个停止按钮控件。

设计的程序前面板如图 4-43 所示。

图 4-43　程序前面板

（2）程序框图设计

切换到 LabVIEW 的程序框图窗口，调整控件位置，添加节点与连线。

1）添加 1 个定时循环结构：函数→结构→定时结构→定时循环。

2）双击定时循环结构左侧的输入节点，打开"配置定时循环"对话框，设置其运行周期为 500ms，优先级为 100，如图 4-44 所示。

图 4-44　配置定时循环

3）在定时循环结构中添加 1 个随机数函数：函数→数值→随机数(0-1)。

4）将"循环数"显示控件、"随机数 0-1"显示控件、停止按钮控件的图标移到定时循环结构框架中。

5）将随机数（0-1）函数与"随机数0-1"显示控件的输入端口相连。

6）将循环端口与循环数显示控件的输入端口相连。

7）将停止按钮控件的输出端口与定时循环的条件端口回相连（按钮的值为真时停止循环并终止程序）。

连线后的程序框图如图4-45所示。

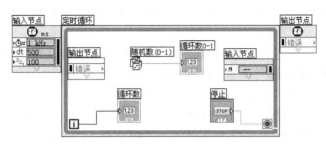

图4-45　程序框图

（3）运行程序

切换到前面板窗口，单击工具栏"运行"按钮，运行程序。

程序运行后每隔1000ms从0开始累加计数，并显示0-1的随机数，单击"停止"按钮退出循环终止程序。程序运行界面如图4-46所示。

图4-46　程序运行界面

（二）任务2

1．任务描述

使用定时循环结构，输入数值n，求0+1+2+3+…+n的和并输出显示。

2．任务实现

（1）程序前面板设计

新建VI。切换到LabVIEW的前面板窗口，通过控件选板给程序前面板添加控件。

1）添加1个数值输入控件，将标签改为"n"。

2）添加两个数值显示控件，将标签分别改为"过程结果：0+1+2+3+…+n"和"最终结果：0+1+2+3+…+n"。

设计的程序前面板如图4-47所示。

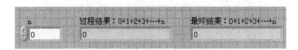

图4-47　程序前面板

（2）程序框图设计

切换到LabVIEW的程序框图窗口，调整控件位置，添加节点与连线。

1）添加1个定时循环结构：函数→结构→定时结构→定时循环。

右键单击条件端口 ，选择"真(T)时继续"选项。

2）双击定时循环结构左侧的输入节点，打开配置定时循环对话框，设置其运行周期为100ms。

3）添加 1 个数值常量。值为"0"。

4）在定时循环结构中添加 1 个"加"函数。

5）在定时循环结构中添加 1 个"小于?"比较函数。

6）选中循环框架边框，单击右键，在弹出菜单中选择"添加移位寄存器"选项，创建一个移位寄存器。

7）将数值常量"0"与定时循环结构左侧的移位寄存器相连（寄存器初始化）。

8）将左侧的移位寄存器与"加"函数的输入端口"x"相连。

9）将循环端口与"加"函数的输入端口"y"相连。

10）将过程结果显示控件的图标、数值输入控件的图标移到定时循环结构中。

11）将"加"函数的输出端口"x+y"与过程结果显示控件的输入端口相连，再与右侧的移位寄存器相连。

12）将右侧的移位寄存器与最终结果输出控件的输入端口相连。

13）将循环端口与"小于?"比较函数的输入端口"x"相连。

14）将数值输入控件的输出端口与"小于?"比较函数的输入端口"y"相连。

15）将"小于?"比较函数的输出端口"x<y?"与定时循环结构的条件端口相连。

连线后的程序框图如图 4-48 所示。

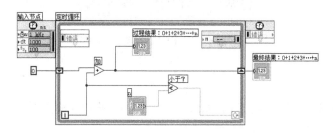

图 4-48　程序框图

（3）运行程序

切换到前面板窗口，单击工具栏"运行"按钮 ，运行程序。

输入数值，如 100，求 0+1+2+3+…+100，并显示过程结果和最终结果均为 5050。

程序运行界面如图 4-49 所示。

图 4-49　程序运行界面

实例 15　定时顺序结构操作

一、学习目标

掌握定时顺序结构的创建与使用方法。

二、设计任务

1. 任务描述

使用定时顺序结构将前一个框架中产生的数据传递到后续框架中使用。

2. 任务实现

（1）程序前面板设计

新建 VI。切换到 LabVIEW 的前面板窗口，通过控件选板给程序前面板添加控件。

1）添加 1 个数值输入控件，将标签改为 "IN"。

2）添加 1 个数值显示控件，将标签改为 "OUT"。

设计的程序前面板如图 4-50 所示。

图 4-50　程序前面板

（2）程序框图设计

切换到 LabVIEW 的程序框图窗口，调整控件位置，添加节点与连线。

1）添加 1 个定时顺序结构：函数→结构→定时结构→定时顺序（也可以先添加平铺式顺序结构，再右击边框，出现快捷菜单，选择"替换为定时顺序"）。

将顺序结构框架设置为 3 个。方法是右键单击顺序式结构边框，在弹出的快捷菜单中选择"在后面添加帧"选项。

2）将数值输入控件的图标移到顺序结构框架 0 中，将数值显示控件的图标移到顺序结构框架 2 中。

3）在顺序结构框架 1 中添加 1 个"时间延迟"定时函数。延迟时间设置为 5s。

4）将顺序结构框架 0 中的数值输入控件的输出端口直接与顺序结构框架 2 中的数值显示控件的输入端口相连。

连线后的程序框图如图 4-51 所示。

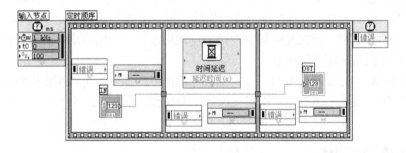

图 4-51　程序框图

（3）运行程序

切换到前面板窗口，单击工具栏"运行"按钮 ⬇️，运行程序。

本例输入数值 8，隔 5s 后显示 8。程序运行界面如图 4-52 所示。

图 4-52　程序运行界面

4.6 事件结构

事件结构也是一种可改变数据流执行方式的结构。使用事件结构可实现用户在前面板的操作（事件）与程序执行的互动。

4.6.1 事件驱动的概念

LabVIEW 的程序设计主要是基于一种数据流驱动方式进行的，这种驱动方式的含义是将整个程序看作一个数据流的通道，数据按照程序流程从控制量到显示量流动。在这种结构中，顺序、分支和循环等流程控制函数对数据流的流向起着十分重要的作用。

数据流驱动的方式在图形化的编程语言中有其独特的优势，这种方式可以形象地表现出图标之间的相互关系及程序的流程，使程序流程简单、明了，强化结构化特征。本章中的例程都是采用数据流驱动的方式编写的。但是数据流驱动的方式也有其缺点和不完善之处，这是由于它过分依赖程序的流程，使得很多代码用在了对其流程的控制上。这在一定程度上增加了程序的复杂性，降低了其可读性。

"面向对象技术"的诞生使得这种局面得到改善，"面向对象技术"引入的一个重要概念就是"事件驱动"的方式。在这种驱动方式中，系统会等待并响应用户或其他触发事件的对象发出的消息。这时，用户就不必在研究数据流的走向上面花费很大的精力，而把主要的精力花在编写"事件驱动程序"——即对事件进行响应上。这在一定程度上减轻了用户编写代码进行程序流程控制的负担。

正是基于以上原因，LabVIEW 引入了"事件驱动"的机制。

LabVIEW 在编程中可以设置某些事件，对数据流进行干预。这些事件就是用户在前面板的互动操作，例如，单击鼠标产生的鼠标事件、按下键盘产生的键盘事件等。

在事件驱动程序中，首先是等待事件发生，然后按照对应指定事件的程序代码对事件进行响应，然后再回到等待事件状态。

在 LabVIEW 中，如果需要进行用户和程序间的互动操作，可以用事件结构实现。使用事件结构，程序可以响应用户在前面板上面的一些操作，如按下某个按钮、改变窗体大小、退出程序等。

4.6.2 事件结构的创建

LabVIEW 中的事件结构位于函数选板中的结构子选板中，与其他几种具有结构化特征并采用数据流驱动方式用于程序流程控制的机制不同，事件结构具有面向对象的特征，用事件驱动的方式控制程序流程。

事件结构的图标外形与条件结构极其相似，但是事件结构可以只有一个子框图，这一个子框图可以设置为响应多个事件；也可以建立多个子框图，设置为分别响应各自的事件。在程序框图中，放置事件结构的方法、结构边框的自动增长、边框大小的手动调整等与其他结构是一样的。

图 4-53 所示是刚放进程序框图中的事件结构图标，其中包括超时端口、子框图标识符和事件数据节点三个元件。

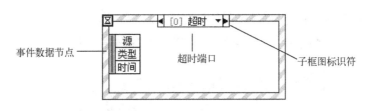

图 4-53　事件结构的组成

这时，LabVIEW 已经为用户建立了一个默认的事件——超时，事件的名称显示在事件结构图框的上方。为事件结构编写程序主要分为两个部分。首先，为事件结构建立事件列表，列表中的所有事件都会显示在事件结构图框的上方；其次，为每一个事件编写其驱动程序，即编写对每一个事件的响应代码。

超时端口用于设置一个数值指定等待事件的毫秒数。默认值为-1，即无限等待。超过设置的时间没有发生事件，LabVIEW 就产生一个超时事件。可以设置一个处理超时事件的子框图。

事件数据节点用于访问事件数据值。可以缩放事件数据节点显示多个事件数据项。右键单击事件数据项，在弹出的快捷菜单中，可以选择访问哪个事件数据成员。

右键单击事件结构边框，在弹出的快捷菜单中，可以选择"添加事件分支"命令添加子框图。右键单击事件结构边框，在弹出的菜单中选择"编辑本分支所处理的事件"命令可以为子图形代码框设置事件。

实例16　事件结构操作

一、学习目标
掌握事件结构的创建与使用方法。

二、设计任务

1．任务描述

单击滑动杆时，出现提示对话框；单击按钮时，出现提示对话框。

2．任务实现

（1）程序前面板设计

新建 VI。切换到 LabVIEW 的前面板窗口，通过控件选板给程序前面板添加控件。

1）添加 1 个水平指针滑动杆控件，标签为"滑动杆"。

2）添加 1 个确定按钮控件，标签为"确定按钮"。

设计的程序前面板如图 4-54 所示。

（2）程序框图设计

切换到 LabVIEW 的程序框图窗口，调整控件位置，添加节点与连线。

图 4-54　程序前面板

1）添加 1 个事件结构：函数→结构→事件结构。

2）在事件结构的图框上单击鼠标右键，从弹出的快捷菜单中选择"编辑本分支所处理的事件"选项，打开如图 4-55 所示的"编辑事件"对话框。

单击按钮 ☒ 删除超时事件。在事件源中选择"滑动杆"，从相应的事件窗口中选择"值改变"。单击"确定"按钮退出"编辑事件"对话框。

图 4-55 "编辑事件"对话框

3）在事件结构图框上单击鼠标右键，从弹出的快捷菜单中选择"添加事件分支"选项，打开"编辑事件"对话框。在事件源中选择"确定"按钮，从相应的事件窗口中选择"鼠标/鼠标按下"。这时，程序弹出"编辑事件"对话框如图 4-56 所示。单击"确定"按钮，退出对话框。

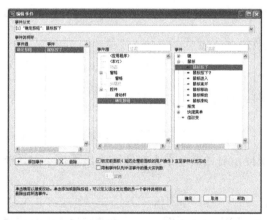

图 4-56 增加新的事件

4）在"滑动杆值改变"事件窗口中添加 1 个数值至小数字符串转换函数：函数→字符串→字符串/数值转换→数值至小数字符串转换。

5）在"滑动杆值改变"事件窗口中添加 1 个连接字符串函数：函数→字符串→连接字符串。

6）在"滑动杆值改变"事件窗口中添加 1 个字符串常量：函数→字符串→字符串常量，将值改为"当前数值是："。

7）在"滑动杆值改变"事件窗口中添加 1 个单按钮对话框：函数→对话框与用户界面→单按钮对话框。

8）将滑动杆控件的图标移到"滑动杆值改变"事件窗口中；将滑动杆控件的输出端口与数值至小数字符串转换函数的输入端口"数字"相连。

9）将数值至小数字符串转换函数的输出端口"F-格式字符串"与连接字符串函数的输入端口"字符串"相连。

10）将字符串常量"当前数值是："与连接字符串函数的输入端口"字符串"相连。

11）将连接字符串函数的输出端口"连接字符串"与单按钮对话框的输入端口"消息"相连。

连线后的程序框图如图4-57所示。

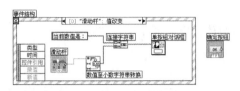

图4-57　滑动杆值改变事件程序

12）在"确定按钮鼠标按下"事件窗口中添加1个字符串常量，将值改为"您按下了此按钮！"。

13）在"确定按钮鼠标按下"事件窗口中添加1个单按钮对话框：函数→对话框与用户界面→单按钮对话框。

14）将字符串常量"您按下了此按钮！"与单按钮对话框的输入端口"消息"相连。

连线后的程序框图如图4-58所示。

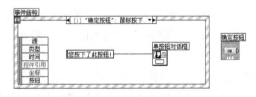

图4-58　按钮事件程序

（3）运行程序

切换到前面板窗口，单击工具栏"连续运行"按钮，运行程序。

当更改水平指针滑动杆对象的数值时，出现提示对话框"当前数值是：3.939394"；当按下"确定"按钮时，出现提示对话框"您按下了此按钮！"。

程序运行界面如图4-59所示。

图4-59　程序运行界面

4.7　禁用结构

程序框图禁用结构用于禁用一部分程序框图，仅有启用的子程序框图可执行。它是对一些不想执行的程序进行屏蔽的手段。

它的程序框图类似于条件结构，包括一个或多个子程序框图（分支），可添加或删除。

实例17　禁用结构操作

一、学习目标

掌握禁用结构的创建与使用方法。

二、设计任务

1. 任务描述

使用禁用结构，不显示数值输出，显示字符串输出。

2. 任务实现

（1）程序前面板设计

新建 VI。切换到 LabVIEW 的前面板窗口，通过控件选板给程序前面板添加控件。

1）添加 1 个数值显示控件，将标签改为"数值输出"。

2）添加 1 个字符串显示控件，将标签改为"字符串输出"。

设计的程序前面板如图 4-60 所示。

图 4-60　程序前面板

（2）程序框图设计

切换到 LabVIEW 的程序框图窗口，调整控件位置，添加节点与连线。

1）添加 1 个禁用结构：函数→结构→程序框图禁用结构。

2）在禁用结构的"禁用"框架中添加 1 个数值常量，值改为"100"。

3）在禁用结构的"启用"框架中添加 1 个字符串常量，值改为"显示字符串！"。

4）将数值输出控件的图标移到"禁用"框架中；将字符串输出控件的图标移到"启用"框架中。

5）将数值常量"100"与数值输出控件的输入端口相连。

6）将字符串常量"显示字符串！"与字符串输出控件的输入端口相连。

连线后的程序框图如图 4-61 所示。

图 4-61　程序框图

（3）运行程序

切换到前面板窗口，单击工具栏"运行"按钮▢，运行程序。

程序运行后，没有显示数值输出；字符串输出"显示字符串！"。

程序运行界面如图 4-62 所示。

图 4-62　程序运行界面

第5章 LabVIEW 的图形显示

数据采集作为 LabVIEW 最重要的组成部分，数据的显示也是 LabVIEW 中的重要内容。数据的图形化显示具有直观明了的优点，能够增强数据的表达能力，许多实际仪器如示波器都提供了丰富的图形显示功能。在虚拟仪器程序设计的过程中，LabVIEW 对图形化显示提供了强大的支持。

LabVIEW 提供了两类基本的图形显示控件：图和图表。图控件采集所有需要显示的数据，并可以对数据进行处理后一次性显示结果；图表控件将采集的数据逐点地显示为图形，可以反映数据的变化趋势，类似于传统的模拟示波器、波形记录仪。

LabVIEW 中的图形型控件主要用于 LabVIEW 程序中数据的形象化显示，例如，可以将程序中的数据流在形如示波器窗口的控件中显示，也可以利用图形型控件来显示图片或图像。

在 LabVIEW 中，用于图形显示的控件主要位于控件选板中的图形子选板中，如图 5-1 所示，包括波形图表、波形图、XY 图、强度图表、强度图和三维曲线图等。

图 5-1　图形控件子选板

5.1　波形图表与波形图控件

5.1.1　波形图表控件概述

波形图表控件实时显示一个数据点或若干个数据点，而且新输入的数据点可以添加到已有曲线的尾部进行连续地显示，因而这种显示方式可以直观地反映被测参数的变化趋势，例如，显示一个实时变化的电压/电流波形或曲线，传统的模拟示波器、波形记录仪就是基于这种显示原理的。

波形图表控件可以接收标量数据（一个数据点），也可以接收数组（若干个数据点）。如果接收的是单点数据，波形图表控件将数据顺序地添加到原有曲线的尾部，若波形超过横轴（或称时间轴、X 标尺）设定的显示范围，曲线将在横轴方向上一位一位地向左移动更新；

如果接收的是数组，波形图表控件将会把数组中的元素一次性地添加到原有曲线的尾部，若波形超过横轴设定的显示范围，曲线将在横轴方向上向左移动，每次移动的位数是输入数组元素的个数。

波形图表控件如图 5-2 所示。

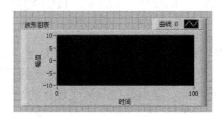

图 5-2 波形图表控件

波形图表控件创建了一个显示缓冲区，这个缓冲区按照先进先出的规则工作，该显示缓冲区用于保存部分历史数据。

5.1.2 波形图控件概述

波形图控件位于"波形"子选板上，如图 5-3 所示。从图中可以看出波形图控件和波形图表控件的组件及其功能基本上是相同的。

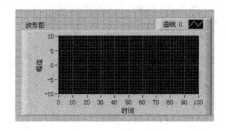

图 5-3 波形图控件

波形图表控件和波形图控件是 LabVIEW 中的两大类图形显示控件，两者具有许多相似的性质，但两者在数据刷新方式等诸多方面存在不同的特性。

波形图表控件具有不同的数据刷新模式，而波形图控件则不具备这样的特性。波形图控件将输入的一维数组数据一次性地显示出来，同时清除前一次显示的波形。而波形图表控件则是实时地显示一个或若干个数据点，并且这些数据点将被添加到原来波形的尾部，原来的波形并没有被清除。

由于波形图表控件是具有实时显示特性的控件，因此该控件的系统内存开销要比波形图控件的大。在使用 LabVIEW 开发应用程序的过程中，究竟该使用哪个控件，要结合各个方面的因素综合考虑。既要考虑显示的实际需要，还需考虑系统的硬件配置。

实例 18 波形图表与波形图控件操作

一、学习目标

1）掌握波形图表控件的创建与使用方法。

2）掌握波形图控件的创建与使用方法。

二、设计任务

（一）任务 1

1. 任务描述

使用波形图表控件显示正弦曲线。

2. 任务实现

（1）程序前面板设计

新建 VI。切换到 LabVIEW 的前面板窗口，通过控件选板给程序前面板添加控件。

1）添加 1 个波形图表控件：控件→图形→波形图表。

2）添加 1 个停止按钮控件。

设计的程序前面板如图 5-4 所示。

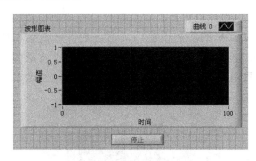

图 5-4　程序前面板

（2）程序框图设计

切换到 LabVIEW 的程序框图窗口，调整控件位置，添加节点与连线。

1）添加 1 个 While 循环结构。

以下在 While 循环结构框架中添加节点并连线。

2）添加 1 个"除"函数。

3）添加 1 个数值常量。将值设为"10"。

4）添加 1 个"时间延迟"定时函数。将延迟时间设为"0.5"秒。

5）添加 1 个正弦函数：函数→数学→初等与特殊函数→三角函数→正弦。

6）将波形图表控件、停止按钮控件的图标移到 While 循环结构框架中。

7）将循环结构的循环端口与除函数的输入端口"x"相连。

8）将数值常量"10"与除函数的输入端口"y"相连。

9）将除函数的输出端口"x/y"与正弦函数的输入端口"x"相连。

10）将正弦函数的输出端口"sin(x)"与波形图表控件的输入端口相连。

11）将停止按钮控件与循环结构的条件端口◉相连。

连线后的程序框图如图 5-5 所示。

（3）运行程序

切换到前面板窗口，单击工具栏"运行"按钮，运行程序。

程序实时绘制、显示正弦曲线。

程序运行界面如图 5-6 所示。

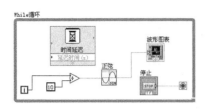

图 5-5　程序框图

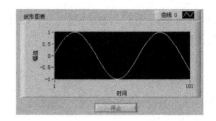

图 5-6　程序运行界面

（二）任务 2

1．任务描述

使用波形图控件显示正弦曲线。

2．任务实现

（1）程序前面板设计

新建 VI。切换到 LabVIEW 的前面板窗口，通过控件选板给程序前面板添加控件。

添加 1 个波形图控件：控件→图形→波形图。标签为"波形图"。

设计的程序前面板如图 5-7 所示。

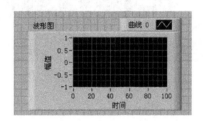

图 5-7　程序前面板

（2）程序框图设计

切换到 LabVIEW 的程序框图窗口，添加节点与连线。

1）添加 1 个数值常量。将值设为"100"。

2）添加 1 个 For 循环结构。

3）将数值常量"100"与 For 循环结构的计数端口"N"相连。

以下在 For 循环结构框架中添加节点并连线。

4）添加 1 个"除"函数。

5）添加 1 个数值常量。将值设为"10"。

6）添加 1 个正弦函数：函数→数学→初等与特殊函数→三角函数→正弦。

7）添加 1 个"等待（ms）"定时函数。

8）添加 1 个数值常量。将值设为"50"。

9）将循环结构的循环端口与除函数的输入端口"x"相连。

10）将数值常量"10"与除函数的输入端口"y"相连。

11）将除函数的输出端口"x/y"与正弦函数的输入端口"x"相连。

12）将正弦函数的输出端口"sin(x)"与波形图控件的输入端口相连。

13）将数值常量"50"与定时函数的输入端口"等待（ms）"相连。

连线后的程序框图如图 5-8 所示。

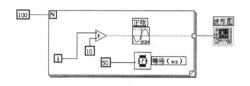

图 5-8　程序框图

（3）运行程序

切换到前面板窗口，单击工具栏"运行"按钮 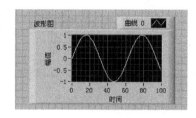，运行程序。

程序执行后，等待 50ms，画面上的波形图控件一次性显示正弦曲线，并终止程序。

程序运行界面如图 5-9 所示。

图 5-9　程序运行界面

（三）任务 3

1．任务描述

绘制随机曲线，比较波形图表控件和波形图控件的数据刷新方式。

2．任务实现

（1）程序前面板设计

新建 VI。切换到 LabVIEW 的前面板窗口，通过控件选板给程序前面板添加控件。

1）添加 1 个波形图表控件：控件→图形→波形图表。

2）添加 1 个波形图控件：控件→图形→波形图。

设计的程序前面板如图 5-10 所示。

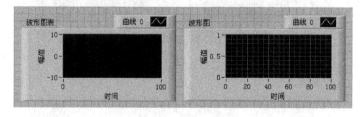

图 5-10　程序前面板

（2）程序框图设计

切换到 LabVIEW 的程序框图窗口，添加节点与连线。

1）添加 1 个数值常量。将值设为"100"。

2）添加 1 个 For 循环结构。

3）将数值常量"100"与 For 循环结构的计数端口"N"相连。

以下在 For 循环结构框架中添加节点并连线。

4）添加 1 个随机数函数：函数→数值→随机数(0-1)。

5）添加 1 个数值常量。将值设为"50"。

6）添加 1 个"等待（ms）"定时函数。

7）将波形图表控件图标移到循环结构框架中。

8）将随机数(0-1)函数的输出端口"数字(0-1)"与循环结构框架内的波形图表控件相连，再与循环结构框架外的波形图控件相连。

9）将数值常量"50"与定时函数等待（ms）的输入端口"等待（ms）"相连。

连线后的程序框图如图 5-11 所示。

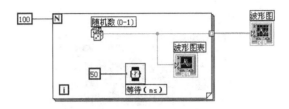

图 5-11　程序框图

（3）运行程序

切换到前面板窗口，单击工具栏"运行"按钮，运行程序。

本例使用波形图表和波形图控件显示同一个"随机数（0-1）"函数产生的随机数，通过比较显示结果可以直观地看出波形图和波形图表控件的差异。两个控件最终显示的波形是一样的，但是两者的显示机制却是完全不同的。

在 VI 的运行过程中，可以看到随机数（0-1）函数产生的随机数逐个地在波形图表控件上显示，如果 VI 没有执行完毕，波形图控件并不显示任何波形，如图 5-12 所示。VI 运行结束时，VI 产生的 100 个随机数并在波形图控件上一次性地显示出来，如图 5-13 所示。

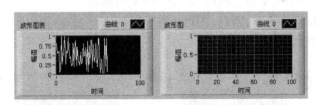

图 5-12　程序运行界面 1

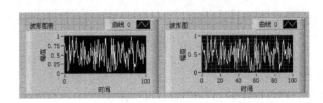

图 5-13　程序运行界面 2

实例19   滤除信号噪声

一、学习目标

掌握 Express VI 的创建与使用方法。

二、设计任务

1. 任务描述

使用仿真信号 Express VI 产生一个带噪声的波形，使用滤波器 Express VI 滤除噪声。

2. 任务实现

（1）程序前面板设计

新建 VI。切换到 LabVIEW 的前面板窗口，通过控件选板给程序前面板添加控件。

1）添加 2 个波形图控件。标签分别为"原始信号"和"滤波后信号"。

2）为了设置波形运行参数，添加 4 个数值输入控件：控件→数值→数值输入控件，将标签分别设为"频率"、"幅值"、"相位"和"低截止频率"。

设计的程序前面板如图 5-14 所示。

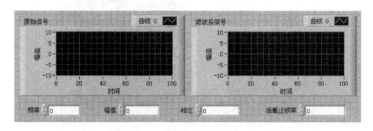

图 5-14   程序前面板

（2）程序框图设计

切换到 LabVIEW 的程序框图窗口，添加节点与连线。

1）添加 1 个仿真信号 Express VI：函数→Express→信号分析→仿真信号。弹出"配置仿真信号"对话框。信号类型选择"正弦"，频率设为10.1，幅值设为1，勾选"添加噪声"复选框，噪声类型选择"高斯白噪声"，采样率设为 100000Hz，采样数选择"自动"，勾选"整数周期数"，其他参数配置如图 5-15 所示。

2）添加 1 个滤波器 Express VI：函数→Express→信号分析→滤波器。弹出"配置滤波器"对话框。滤波器类型选择"低通"，截止频率设为 20Hz，选择"无限长冲击响应滤波器"，其他配置如图 5-16 所示。

3）将"频率"、"幅值"和"相位"数值输入控件的输出端口分别与仿真信号 Express VI 的输入端口"频率"、"幅值"和"相位"相连。

4）将仿真信号 Express VI 的输出端口"正弦与高斯噪声"与滤波器 Express VI 的输入端口"信号"相连；再与"原始信号"波形图控件相连。

5）将"低截止频率"数值输入控件的输出端口与滤波器 Express VI 的输入端口"低截止频率"相连。

6）将滤波器 Express VI 的输出端口"滤波后信号"与"滤波后信号"波形图控件相连。

连线后的程序框图如图 5-17 所示。

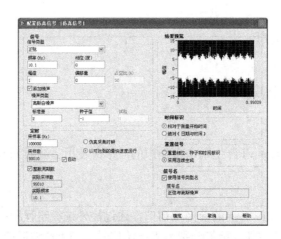

图 5-15   仿真信号 Express VI 的配置对话框

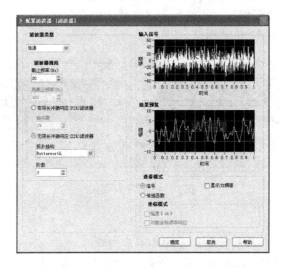

图 5-16   滤波器 Express VI 的配置对话框

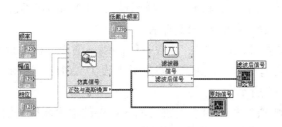

图 5-17   程序框图

（3）运行程序

切换到前面板窗口，首先设置频率、幅值、相位和截止频率的初始值分别为"10.1"、"2"、"180"、"20"，然后单击工具栏"连续运行"按钮，运行程序。

程序执行后，画面上的波形图控件分别显示带噪声的正弦波和滤除噪声后的正弦波。

程序运行界面如图 5-18 所示。

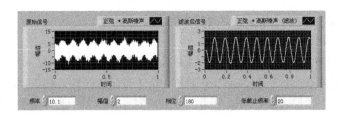

图 5-18 程序运行界面

5.2 XY 图控件

上面介绍的波形图表和波形图控件的 X 标尺都是等间距均匀分布的，这在实际的应用中会有一定的局限性。例如，对于 Y 值随 X 值变化的曲线，如椭圆曲线，使用上述两种控件显示都是不合适的，XY 图控件则适合显示这样的曲线。

XY 图控件是通用的笛卡尔绘图对象，用于绘制多值函数，如图形或具有可变时基的波形。XY 图控件可显示任何均匀采样或非均匀采样的点的集合。

XY 图控件与波形图控件的显示机制类似，都是一次性地显示全部的输入数据，但两者的基本输入数据类型却是不同的。XY 图控件接收的是簇数组数据，簇数组中的两个元素（均为一维数组）分别代表 X 标尺和 Y 标尺的坐标值。

实例 20　XY 图控件操作

一、学习目标

掌握 XY 图控件的创建与使用方法。

二、设计任务

1．任务描述

使用 XY 图控件显示两条曲线。

2．任务实现

（1）程序前面板设计

新建 VI。切换到 LabVIEW 的前面板窗口，通过控件选板给程序前面板添加控件。

添加 1 个 XY 图控件：控件→图形→XY 图。

设计的程序前面板如图 5-19 所示。

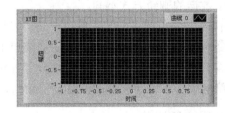

图 5-19　程序前面板

（2）程序框图设计

1）添加 4 个正弦信号函数：函数→信号处理→信号生成→正弦信号。

2）添加 2 个数值常量。将值分别改为"45"和"90"。

3）添加 2 个"捆绑"簇函数。

4）添加 1 个创建数组函数。将函数的输入端口元素设置为 2 个。

5）将 2 个数值常量"45"和"90"分别与 2 个正弦函数的输入端口"相位（度）"相连。

6）分别将 4 个正弦信号函数的输出端口"正弦信号"与 2 个捆绑函数的输入端口相连。

7）分别将 2 个捆绑函数的输出端口"输出簇"与创建数组函数的输入端口"元素"相连。

8）将创建数组函数的输出端口添加的数组与 XY 图控件相连。

连线后的程序框图如图 5-20 所示。

（3）运行程序

切换到前面板窗口，单击工具栏"连续运行"按钮，运行程序。

本例中，调用"创建数组"节点将两个簇数组构成一个一维数组，然后送往 XY 图控件显示，这样即可在 XY 图控件上显示两条曲线。

程序运行界面如图 5-21 所示。

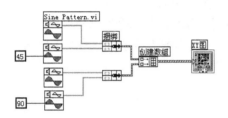

图 5-20　程序框图

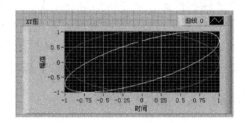

图 5-21　程序运行界面

5.3　强度图表与强度图控件

强度图表控件和强度图控件提供了一种在二维平面上表现三维数据的机制，其基本的输入数据类型是 DBL 型的二维数组。在默认的情况下，二维数组的行、列索引分别对应强度图表控件 X、Y 标尺的坐标，而二维数组元素的值在强度图表控件上使用蓝色的具有不同亮度的小方格来表示，相当于三维坐标中的 Z 轴坐标。

强度图表控件与强度图控件之间的异同类似于前面介绍的波形图表与波形图之间的异同，两者的主要差别主要在于数据的刷新方式不同。

显示区域每个小方格（代表一个数据点）的颜色用户是可以自行设置的。右击强度图表控件或强度图控件右侧梯度组件的某一刻度，在弹出的快捷菜单上选择"刻度颜色"选项，此时将会弹出一个颜色设置窗口，在该窗口上可以给刻度设置各种颜色。当然，用户还可以在该快捷菜单上进行添加刻度的操作，并为添加的刻度设置颜色。

实例 21　强度图表与强度图控件操作

一、学习目标

掌握强度图表和强度图控件的创建与使用方法。

二、设计任务

1. 任务描述

使用强度图表控件和强度图控件显示一组相同的二维数组数据，通过显示结果比较强度图表控件和强度图控件的差异。

2. 任务实现

（1）程序前面板设计

新建 VI。切换到 LabVIEW 的前面板窗口，通过控件选板给程序前面板添加控件。

1）添加 1 个强度图表控件：控件→图形→强度图表。

2）添加 1 个强度图控件：控件→图形→强度图。

将 2 个控件的频率均设置为 0～4，将时间均设置为 0～2。

设计的程序前面板如图 5-22 所示。

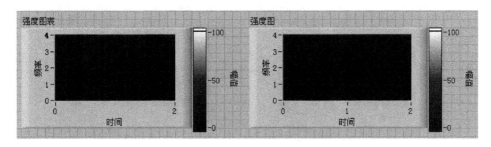

图 5-22　程序前面板

（2）程序框图设计

切换到 LabVIEW 的程序框图窗口，添加节点与连线。

1）添加 1 个 For 循环结构。

2）添加 1 个数值常量。将值改为 3。

3）将数值常量 3 与 For 循环结构的计数端口 N 相连。

4）在 For 循环结构中添加 1 个条件结构。

5）将 For 循环结构的循环端口与条件结构的选择端口相连。此时条件结构的框架标识符自动变为 0 和 1。选择框架 1，右键单击，在弹出的菜单中选择"在后面添加分支"。

6）在条件结构框架 0、1 和 2 中分别添加数组常量。

将数值显示控件放入数组框架中，将数组维数设置为 2，将成员数量设置为 2 行 4 列。填入相应的数值。

7）将强度图表控件和强度图控件的图标移到 For 循环结构中。

8）将条件结构中的 3 个数组常量分别与强度图表控件、强度图控件的输入端口相连。

9）在 For 循环结构中添加 1 个"等待下一个整数倍毫秒"定时函数。

10）在 For 循环结构中添加 1 个数值常量。将值改为"500"。

11）将数值常量"500"与等待下一个整数倍毫秒函数的输入端口"毫秒倍数"相连。

连线后的程序框图如图 5-23 所示。

（3）运行程序

切换到前面板窗口，单击工具栏"运行"按钮 ，运行程序。

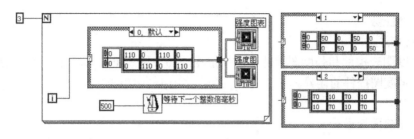

图 5-23　程序框图

可以很明显地看出强度图表控件和强度图控件在数据刷新模式方面的差异，强度图表控件的显示缓存保存了各次循环的历史数据，而强度图控件的历史数据则被新数据覆盖了。

程序运行界面如图 5-24 所示。

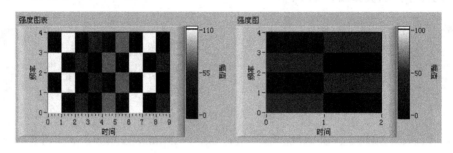

图 5-24　程序运行界面

5.4　三维图形控件

在实际应用中，大量数据都需要在三维空间中进行可视化显示，例如某个表面的温度分布、联合时频分析、飞机的运动等。三维图形可使三维数据可视化，修改三维图形属性可改变数据的显示方式。为此，LabVIEW 提供了一些三维图形工具，包括三维曲面图、三维参数图和三维曲线图，位于控件面板三维图形子选板中。

三维图形是一种最直观的数据显示方式，它可以很清楚的描绘出空间轨迹，给出 X、Y、Z 三个方向的相互关系。

实例 22　三维曲面控件操作

一、学习目标

掌握三维曲面控件的创建与使用方法。

二、设计任务

1．任务描述

使用三维曲面控件显示正弦波。

2．任务实现

（1）程序前面板设计

新建 VI。切换到 LabVIEW 的前面板窗口，通过控件选板给程序前面板添加控件。

添加 1 个三维曲面图控件：控件→图形→三维曲面图。标签为"三维曲面"。

设计的程序前面板如图 5-25 所示。

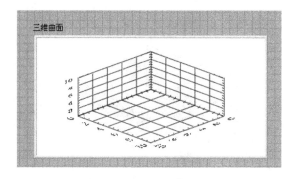

图 5-25　程序前面板

（2）程序框图设计

切换到 LabVIEW 的程序框图窗口，添加节点与连线。

1）添加 1 个数值常量。将值设为"100"。

2）添加 1 个 For 循环结构。标签为"For 循环 1"。

3）将数值常量"100"与"For 循环 1"的计数端口"N"相连。

4）在"For 循环 1"中添加 1 个数值常量，将值设为"100"。

5）在"For 循环 1"中添加 1 个 For 循环结构，标签为"For 循环 2"。

6）将数值常量"100"与"For 循环 2"的计数端口"N"相连。

7）在"For 循环 2"中添加 1 个数值常量，将值设为"0.1"。

8）在"For 循环 2"中添加 1 个"乘"函数。

9）在"For 循环 2"中添加 1 个正弦函数：函数→数学→初等与特殊函数→三角函数→正弦。

10）将数值常量"0.1"与乘函数的输入端口"x"相连。

11）将循环结构的循环端口与乘函数的输入端口"y"相连。

12）将乘函数的输出端口"x*y"与正弦函数的输入端口"x"相连。

13）将正弦函数的输出端口"sin(x)"与三维曲面图控件的输入端口"z 矩阵"相连。

连线后的程序框图如图 5-26 所示。

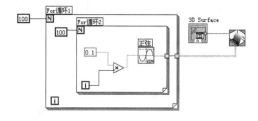

图 5-26　程序框图

（3）运行程序

切换到前面板窗口，单击工具栏"运行"按钮 ，运行程序。

程序执行后，画面上显示正弦波的三维曲面图。

程序运行界面如图 5-27 所示。

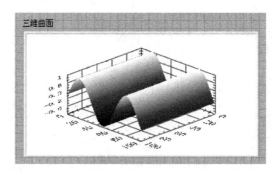

图 5-27　程序运行界面

第6章 LabVIEW 的变量与节点

在 LabVIEW 环境中，各个对象之间传递数据的基本途径是通过连线。但是需要在几个同时运行的程序之间传递数据时，显然是不能通过连线完成的。即使在一个程序内部各部分之间传递数据时，有时也会遇到连线的困难。还有的时候，需要在程序中多个位置访问同一个面板对象，甚至有些是对它写入数据，有些是由它读出数据。在这些情况下，就需要使用变量。因此，变量是 LabVIEW 环境中传递数据的工具，主要解决数据和对象在同一 VI 程序中的复用和在不同 VI 程序中的共享问题。

LabVIEW 中的变量有局部变量和全局变量两种。和其他编程语言不一样，变量不能直接创建，必须关联到一个前面板对象，依靠此对象来存储、读取数据。也就是说变量相当于前面板对象的一个副本，区别是变量既可以存储数据，也可以读取数据，而不像前面板对象只能进行其中的一种操作。

6.1 局部变量

6.1.1 局部变量的作用

局部变量只能在变量生成的程序中使用，它类似于传统编程语言中的局部变量。但由于 LabVIEW 的特殊性，局部变量又具有与传统编程语言中的局部变量不同的地方。

在 LabVIEW 中，前面板上的每一个控制或指示对象在程序框图上都有一个与之对应的端口。控制对象通过这个端口将数据传送给程序框图的其他节点。程序框图也可以通过这个端口为指示对象赋值。注意，这个端口是唯一的，一个控制或一个指示，只有一个端口。

用户在编程时，经常需要在同一个 VI 的程序框图中的不同位置多次为指示对象赋值，多次从控制中取出数据；或者是为控制对象赋值，从指示对象中取出数据。显然，这时仅用一个端口是无法实现这些操作的，而端口仅有一个。这不同于传统的编程语言，如定义一个变量 "a"，在程序的任何地方，需要用到这个变量时，写一个 "a" 就可解决问题。局部变量的引入，解决了以上问题。

6.1.2 局部变量的使用

局部变量有 "读" 和 "写" 两种属性。当属性为 "读" 时，可以从局部变量中读出数据；当属性为 "写" 时，可以给这个局部变量赋值。通过这种方法，就可以达到给控制对象赋值或从指示对象中读出数据的目的。即局部变量既可以是输入量也可以是显示量。

右击局部变量图标，在弹出的快捷菜单中选择 "转换为读取" 或 "转换为写入"，可改变局部变量的属性。请注意，当局部变量的属性为 "读" 时，局部变量图标的边框用粗线来强调；当局部变量的属性为 "写" 时，局部变量图标的边框用细线表示。

6.1.3 局部变量的特点

局部变量的引入，为用户使用 LabVIEW 提供了方便。它具有许多特点，了解了这些特点，可以帮助用户更好地学习和使用 LabVIEW。

使用局部变量可以在程序框图的不同位置访问前面板对象。前面板对象的局部变量相当于它的一个复制品，前面板对象和其局部变量所包含的数据是相同的。

一个局部变量，就是其相应前面板对象的一个数据复制品，它要占用一定的内存。所以，应该在程序中控制使用局部变量，特别是对于那些包含大量数据的数组。若在程序中使用多个这种数组的局部变量，那么这些局部变量就会占用大量的内存，从而降低了程序运行效率。

LabVIEW 是一种并行处理语言，只要模块的输入有效，模块就会执行程序。当程序中有多个局部变量时，要特别注意这一点，因为这种并行执行可能造成意想不到的错误。比如说，在程序的某一个地方，用户从一个输入控件的局部变量中读出数据；在另一个地方，又根据需要为这个输入控件的另一个局部变量赋值。要是这两过程是并行发生的，这就有可能使得读出的数据不是前面板对象原来的数据，而是赋值后的数据。由于这种错误不是明显的逻辑错误，因此很难发现，因此，在编程过程中要特别注意，尽量避免这种错误的发生。

局部变量的另外一个特点与传统编程语言中的局部变量相似，就是它只能在同一个 VI 中使用，不能在不同的 VI 之间使用。若需要在不同的 VI 间进行数据传递可使用全局变量。

实例 23　局部变量操作

一、学习目标

掌握局部变量的创建与使用方法。

二、设计任务

（一）任务 1

1．任务描述

通过旋钮改变数值大小，当旋钮数值小于 8 时指示灯为一种颜色，并显示提示信息"数值正常！"；当旋钮数值大于等于 8 时，指示灯为另一种颜色，并显示提示信息"数值超限！"。

2．任务实现

（1）程序前面板设计

新建 VI。切换到 LabVIEW 的前面板窗口，通过控件选板给程序前面板添加控件。

添加 1 个旋钮控件，1 个仪表控件，1 个指示灯控件（标签为"上限灯"），1 个字符串显示控件（标签为"信息提示"）。

设计的程序前面板如图 6-1 所示。

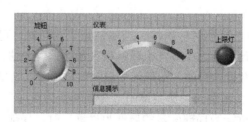

图 6-1　程序前面板

（2）程序框图设计

切换到 LabVIEW 的程序框图窗口，调整控件位置，添加节点与连线。

1）添加 1 个数值常量。将值设为"8"。

2）添加 1 个"大于等于?"比较函数。

3）添加 1 个条件结构。

4）在条件结构"真"选项中添加 1 个布尔真常量。

5）在条件结构"真"选项中添加 1 个字符串常量，将值设为"数值超限!"。

6）将"上限灯"控件图标、"信息提示"字符串显示控件移到条件结构"真"选项中。

7）在条件结构"假"选项中添加 1 个布尔假常量。

8）在条件结构"假"选项中添加 1 个字符串常量，将值设为"数值正常!"。

9）在条件结构"假"选项中创建 1 个局部变量：函数→结构→局部变量。

开始时局部变量的图标上有一个问号，此时的局部变量没有任何用处，因为它并没有与前面板上的输入或显示相关联。

右击局部变量图标，会弹出一个快捷菜单，鼠标移到"选择项"，弹出的菜单会将前面板上所有输入或显示控件的标签名称列出，选择所需要的标签名称如"上限灯"，如图 6-2 所示，完成前面板对象的一个局部变量的创建工作，此时局部变量中间会出现被选择控件的名称。

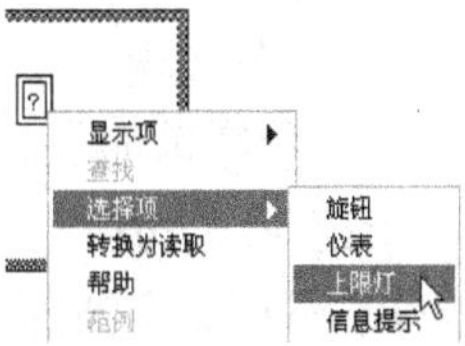

10）在条件结构"假"选项中再创建 1 个局部变量：函数→结构→局部变量。按上述步骤将该局部变量与前面板上的"信息提示"字符串显示控件相关联。

11）将旋钮控件与比较函数"大于等于?"的输入端口"x"相连；再与仪表控件相连。

图 6-2　建立局部变量关联

12）将数值常量"8"与比较函数"大于等于?"的输入端口"y"相连。

13）将比较函数"大于等于?"的输出端口"x>=y?"与条件结构的选择端口"?"相连。

14）在条件结构"真"选项中将真常量与"上限灯"控件相连。

15）在条件结构"真"选项中将字符串常量"数值超限!"与"信息提示"字符串显示控件相连。

16）在条件结构"假"选项中将假常量与"上限灯"控件的局部变量相连。

17）在条件结构"假"选项中将字符串常量"数值正常!"与"信息提示"字符串显示控件的局部变量相连。

连线后的程序框图如 6-3 所示。

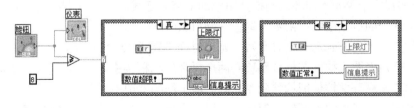

图 6-3　程序框图

（3）运行程序

切换到前面板窗口，单击工具栏"连续运行"按钮 ⏵，运行程序。

通过鼠标转动旋钮，数值变化，仪表指针随着转动，当旋钮数值小于 8 时指示灯为一种颜色，并显示提示信息"数值正常！"；当旋钮数值大于等于 8 时，指示灯变为另一种颜色，并显示提示信息"数值超限！"。

程序运行界面如图 6-4 所示。

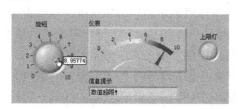

图 6-4　程序运行界面

（二）任务 2

1．任务描述

使用同一个开关同时控制两个 While 循环。

2．任务实现

（1）程序前面板设计

新建 VI。切换到 LabVIEW 的前面板窗口，通过控件选板给程序前面板添加控件。

1）添加 2 个波形图表控件。

2）添加 1 个垂直摇杆开关控件。标签改为"开关"。

设计的程序前面板如图 6-5 所示。

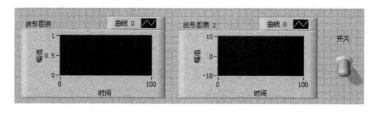

图 6-5　程序前面板

（2）程序框图设计

切换到 LabVIEW 的程序框图窗口，添加节点与连线。

1）添加 2 个 While 循环结构。

以下分别在两个 While 循环结构框架中添加节点并连线。

2）添加 2 个随机数函数：函数→数值→随机数(0-1)。

3）添加 2 个"时间延迟"定时函数。延迟时间设置为 1s。

4）将 2 个波形图表控件图标分别移到两个循环结构框架中。

5）将垂直摇杆开关控件图标移到 While 循环 1 结构框架中。

6）在 While 循环 2 结构框架中创建 1 个局部变量：函数→结构→局部变量。

将该局部变量与前面板上的"开关"控件相关联。右击局部变量图标，会弹出一个快捷菜单，鼠标移到"选择项"，在弹出的菜单中选择控件标签"开关"。

右键单击"开关"局部变量，在弹出的快捷菜单中选择"转换为读取"。

7）分别将随机数(0-1)函数的输出端口"数字(0-1)"与波形图表控件相连。

8）在 While 循环 1 中将垂直摇杆开关控件与循环结构的条件端口◉相连。

9）在 While 循环 2 中将垂直摇杆开关控件的局部变量与循环结构的条件端口◉相连。

连线后的程序框图如图 6-6 所示。

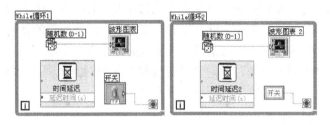

图 6-6　程序框图

（3）运行程序

切换到前面板窗口，单击工具栏"运行"按钮，运行程序。

程序执行后，画面上两个波形图表控件同时显示随机曲线；单击开关同时停止循环。

程序运行界面如图 6-7 所示。

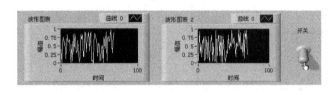

图 6-7　程序运行界面

6.2　全局变量

6.2.1　全局变量的作用

全局变量是 LabVIEW 中的一个对象。通过全局变量，可以在不同的 VI 之间进行数据传递。LabVIEW 中的全局变量与传统编程语言中的全局变量类似，但也有它的独特之处。

全局变量可以在任何 LabVIEW 程序中使用，用于程序之间的数据交换。全局变量同样需要关联到前面板对象，专门有一个程序文件来保存全局变量的关联对象，此程序只有前面板而无程序框图，前面板中可放置多个控制或指示对象。

6.2.2　全局变量的特点

全局变量也有读和写两种属性，其用法和设置方法与局部变量相同。

LabVIEW 中的全局变量与传统编程语言中的全局变量相比有很大的不同之处。在传统编程语言中，全局变量只能是一个变量，一种数据类型。而 LabVIEW 中的全局变量则显得较为灵活，它以独立文件的形式存在，并且在一个全局变量中可以包含多个对象，拥有多种数据类型。

全局变量与子 VI 的不同之处在于它不是一个真正的 LabVIEW 程序，不能进行编程，只能用于简单的数据存储。但全局变量的速度比其他大多数数据类型快。

通过全局变量在不同的 VI 之间进行数据交换，只是 LabVIEW 中 VI 之间数据交换的方式之一。通过 DDE（动态数据交换）也可以进行数据交换。

不管是局部变量还是全局变量，其图标中均显示其关联对象的标签文本，因此，关联对象的标签文本需要修改为能代表此变量含义的标签文本，以便变量的使用。

全局变量与局部变量外观上的区别是全局变量图标中有一个小圆框。

多个变量可关联到同一对象，此时这些变量和其关联对象之间的数据同步，改变其中任何一个的数据，其他变量或对象中数据都将跟着改变。

6.2.3 全局变量的使用

将全局变量用在程序设计中，一种是直接在程序之间复制粘贴；另一种需要单击函数选板中"选择 VI…"，从弹出对话框中选中全局变量存储文件，就在程序框图中创建了一个全局变量，然后将此全局变量关联到全局变量文件前面板中的任意对象。

实例 24 全局变量操作

一、学习目标

掌握全局变量的创建与使用方法。

二、设计任务

（一）任务描述

创建一个全局变量和两个 VI。第一个 VI 程序中的数值变化传递到第二个 VI 程序中。

（二）任务实现

1. 全局变量的创建

（1）程序前面板设计

新建 VI。切换到 LabVIEW 的前面板窗口，通过控件选板给程序前面板添加控件。

1）添加 1 个旋钮控件。标签为"旋钮"。

2）添加 1 个仪表控件。标签为"仪表"。

3）添加 1 个停止按钮控件。

设计的程序前面板如图 6-8 所示。

图 6-8　程序前面板

（2）程序框图设计

切换到 LabVIEW 的程序框图窗口，调整控件位置，添加节点与连线。

1）添加 1 个 While 循环结构。

2）在 While 循环结构中创建 1 个全局变量：函数→结构→全局变量。

将全局变量图标放至循环结构框架中。双击全局变量图标，打开其前面板，如图 6-9 所示。

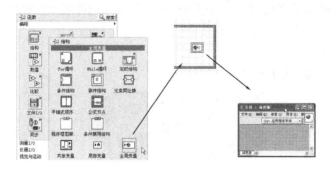

图 6-9　创建全局变量

切换到程序前面板，选择需要的控件对象，如仪表，并将其拖入全局变量的前面板中，如图 6-10 所示。注意对象类型须和全局变量将传递的数据类型一致。

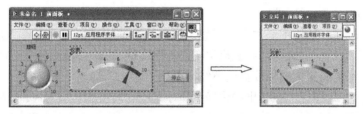

图 6-10　将程序前面板中的"仪表"拖入全局变量前面板窗口中

保存这个全局变量，最好以"Global"结尾命名此文件，如"TestGlobal.vi"，以便其他程序中全局变量与前面板对象关联时快速定位。然后关闭全局变量的前面板窗口。

切换到程序框图窗口，将鼠标切换至操作工具状态，右击全局变量的图标，在弹出的快捷菜单中选择"选择项"，将会出现一个弹出菜单。菜单会将全局变量中包含的所有对象的名称列出，然后根据需要选择一相应的对象如仪表与全局变量关联，如图 6-11 所示。

至此，就完成了一个全局变量的创建。

3）将旋钮控件、仪表控件、停止按钮控件的图标移到 While 循环结构框架中。

4）将旋钮控件分别与仪表全局变量、仪表控件相连。

5）将停止按钮控件与循环结构的条件端口 ⬤ 相连。

6）保存程序，文件名为"VI1"。

连线后的程序框图如图 6-12 所示。

图 6-11　建立全局变量关联

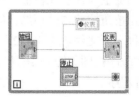

图 6-12　程序框图

2. 全局变量的使用

新建 1 个 LabVIEW 程序。

（1）程序前面板设计

切换到 LabVIEW 的前面板窗口，通过控件选板给程序前面板添加控件。

1）添加 1 个仪表控件。标签为"仪表"。

2）添加 1 个停止按钮控件。

设计好的程序前面板如图 6-13 所示。

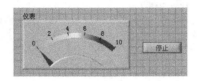

图 6-13　程序前面板

（2）程序框图设计

切换到 LabVIEW 的程序框图窗口，调整控件位置，添加节点与连线。

1）添加 1 个 While 循环结构。

2）在 While 循环结构中添加全局变量。进入函数选板，执行"选择 VI…"，出现"选择需打开的 VI"对话框，选择全局变量所在的程序文件"TestGlobal.vi"，如图 6-14 所示，单击确定按钮，将全局变量图标放至循环结构框架中。

3）右击全局变量图标，在弹出的快捷菜单中选择"转换为读取"，如图 6-15 所示。

图 6-14　选择全局变量 VI　　　　　　　　图 6-15　全局变量读写属性设置

4）将仪表控件、停止按钮控件的图标移到 While 循环结构框架中。

5）将全局变量与仪表控件输入端口相连。

6）将停止按钮控件与循环结构的条件端口◉相连。

7）保存程序，文件名为"VI2"。

连线后的程序框图如图 6-16 所示。

（3）运行程序

同时"运行"VI1 程序和 VI2 程序。在 VI1.vi 程序中，转动旋钮，数值变化，仪表指针随着转动。同时旋钮数值也存到了全局变量（写属性）中，VI1.vi 程序运行界面如图 6-17 所示。

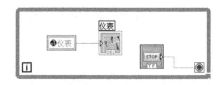

图 6-16　程序框图

图 6-17　VI1.vi 程序运行界面

VI2.vi 程序从全局变量（读属性）中将数值读出，并送至前面板上的仪表中将数值变化显示出来，VI2.vi 程序运行界面如图 6-18 所示。

可以看到 VI2.vi 程序画面中的仪表指针与 VI1.vi 程序中仪表指针转动情况一致。

图 6-18　VI2.vi 程序运行界面

6.3　公式节点

6.3.1　公式节点的作用

LabVIEW 是一种图形化编程语言，主要编程元素和结构节点是系统预先定义的，用户只需要调用相应节点构成程序框图即可，这种方式虽然方便直接，但是灵活性受到了限制，尤其对于复杂的数学处理，变化形式多种多样，LabVIEW 不可能把所有的数学运算都形成图标，这样会使程序显得冗杂且难以读懂。

为了解决这一问题，LabVIEW 另辟蹊径，提供了一种专用于处理数学公式编程的特殊结构形式，称为公式节点。在公式节点框架内，LabVIEW 允许用户像书写数学公式或方程式一样直接编写数学处理节点。

6.3.2　公式节点的语法

公式节点中代码的语法与 C 语言相同，可以进行各种数学运算，这种兼容性使 LabVIEW 的功能更加强大，也更容易使用。

公式节点中也可以声明变量，可以使用 C 语言的语法，可以加语句注释，每个公式语句也是以分号结束。公式节点的变量可以与输入输出端口连线无关，但是变量不能有单位。

使用文本工具往公式节点中输入公式，也可以将符合语法要求的代码直接复制到公式节点中。一个公式节点可以有多个公式。

在端口的方框中输入变量名，变量名要区分大小写。一个公式节点可以有多个变量，输入端口不能重名，输出端口也不能重名，但是输入和输出端口可以重名。

公式节点的每个输入端口必须与程序框图中一个为变量赋值节点的输出的端口连线。公式节点的输出端口可以连接到指示类控件或需要此公式节点输出数据的后续节点。

在公式节点中不能使用循环结构和复杂的条件结构，但可以使用简单的条件结构。

6.3.3　公式节点的特点

公式节点的引入，使得 LabVIEW 的编程更加灵活，对于一些稍微复杂的计算公式，用图形化编程可能会显得有些烦琐，此时若采用公式节点来实现这些计算公式，会减少编程的工作量。在进行 LabVIEW 编程时，可根据图形化编程和公式节点各自的特点，灵活使用不同的编程方法，可以大大提高编程的效率。

使用公式节点时，有一点应当注意：在公式节点框架中出现的所有变量，必须有一个相对应的输入端口或输出端口，否则 LabVIEW 会报错。

实例 25　公式节点操作

一、学习目标

掌握公式节点的创建与使用方法。

二、设计任务

1. 任务描述

利用公式节点计算 y=100+10*x。

2. 任务实现

（1）程序前面板设计

新建 VI。切换到 LabVIEW 的前面板窗口，通过控件选板给程序前面板添加控件。

1）添加 1 个数值输入控件。将标签改为"x"。

2）添加 1 个数值显示控件。将标签改为"y"。

设计的程序前面板如图 6-19 所示。

（2）程序框图设计

切换到 LabVIEW 的程序框图窗口，调整控件位置，添加节点与连线。

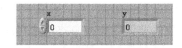

图 6-19　程序前面板

1）添加 1 个公式节点：函数→结构→公式节点。选中公式节点，用鼠标在程序框图中拖动，画出公式节点的图框，如图 6-20 所示。

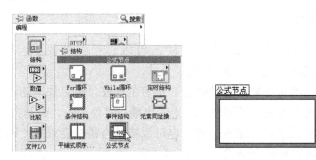

图 6-20　添加公式节点

2）创建输入端口：右击公式节点左边框，从弹出菜单中选择"添加输入"，然后在出现的端口中输入变量名称，如"x"，就完成了一个输入端口的创建，如图 6-21 所示。

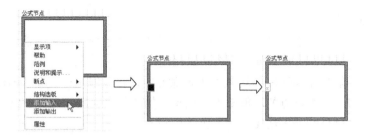

图 6-21　添加输入端口

3）创建输出端口：右击公式节点右边框，从弹出菜单中选择"添加输出"，然后在出现的端口中输入变量名称，如"y"，就完成了一个输出端口的创建，如图 6-22 所示。

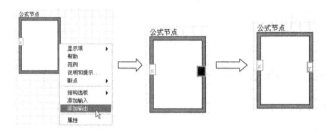

图 6-22　添加输出端口

4）按照 C 语言的语法规则在公式节点的框架中输入公式，如"y=100+10*x;"。

至此，就完成了一个完整的公式节点的创建。

注意：公式节点框架内每个公式后都必须有分号（英文字符";"）结尾。

5）将数值输入控件与公式节点输入端口"输入变量"相连。

6）将公式节点输出端口"输出变量"与数值显示控件相连。

连线后的程序框图如图 6-23 所示。

（3）运行程序

切换到前面板窗口，单击工具栏"连续运行"按钮，运行程序。

在数值输入控件中输入数值，如"5"，单击界面空白处，经过公式节点中的公式"y=100+10*x;"计算，得到输出结果"150"。

程序运行界面如图 6-24 所示。

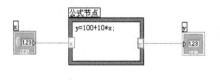

图 6-23　程序框图

图 6-24　程序运行界面

6.4　反馈节点

当 For 循环或 While 循环框比较大时，使用移位寄存器会造成过长的连线，因此

LabVIEW 提供了反馈节点。

在 For 循环或 While 循环中，当用户把一个节点的输出连接到它的输入时，连线中会自动插入一个反馈节点，同时自动创建一个初始化端口。

反馈节点的功能是在 While 循环或者 For 循环中，将数据从一次循环传递到下一次循环中。从这一点来讲，反馈节点的功能和循环结构中的移位寄存器的功能非常相似，因而，在循环结构中这两种对象可以相互代替使用。

反馈节点只能用在 While 循环或者 For 循环中，是为循环结构设置的一种传递数据的机制。用反馈节点代替循环结构中的移位寄存器在某些时候会使程序结构变得简洁。

反馈节点箭头的方向表示数据流的方向。反馈节点有两个端口，输入端口在每次循环结束时将当前值存入，输出端口在每次循环开始时把上一次循环存入的值输出。

实例 26 反馈节点操作

一、学习目标
掌握反馈节点的创建与使用方法。

二、设计任务
1. 任务描述
利用反馈节点实现数值累加。

2. 任务实现

（1）程序前面板设计
新建 VI。切换到 LabVIEW 的前面板窗口，通过控件选板给程序前面板添加控件。

1）添加 1 个数值显示控件。标签为"数值"。

2）添加 1 个停止按钮控件。

设计的程序前面板如图 6-25 所示。

图 6-25　程序前面板

（2）程序框图设计
切换到 LabVIEW 的程序框图窗口，调整控件位置，添加节点与连线。

1）添加 1 个 While 循环结构。

以下在 While 循环结构框架中添加节点并连线。

2）添加 1 个数值常量。将值设为"1"。

3）添加 1 个"加"函数。

4）添加 1 个"时间延迟"定时函数。延迟时间采用默认值。

5）将数值显示控件、停止按钮控件的图标移到 While 循环结构框架中。

6）添加 1 个反馈节点：函数→结构→反馈节点。选中反馈节点，用鼠标在程序框图中拖动，画出反馈节点的图框。（也可直接将加函数的输出端口"x+y"与加函数的输入端口"x"相连，此时连线中会自动插入一个反馈节点）。

7）将数值常量"1"与加函数的输入端口"y"相连。

8）将加函数的输出端口"x+y"与数值显示控件的输入端口相连。

9）将停止按钮控件的输出端口与循环结构的条件端口◙相连。

连线后的程序框图如图 6-26 所示。

（3）运行程序

切换到前面板窗口，单击工具栏"运行"按钮▷，运行程序。

程序运行后，数值从 1 开始每隔 1 秒加 1，并输出显示。单击"停止按钮"，停止循环累加，退出程序。

程序运行界面如图 6-27 所示。

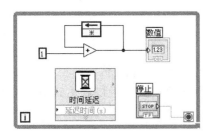

图 6-26　程序框图

图 6-27　程序运行界面

6.5　表达式节点

在 LabVIEW 的数值函数子选板还有一个与公式节点类似的表达式节点。

表达式节点可以看作是一个简单的公式节点，因为公式节点的大部分函数、运算符和语法规则在这里都可以用，但是它只有一个输入端口和一个输出端口，这意味着它只能接收一个变量，求出一个值。它的语句也不需要分号来结束。

表达式节点放进程序框图后即可以用文本工具来输入数学表达式，它的边框大小与表达式是自动适应的。左边的端口连接输入变量，右边的端口连接输出值。

如果输入变量连接一个数组或簇，则输出值也是数组或簇，表达式节点依次对数组或簇中所有成员数据进行计算，输出各个计算值。

实例 27　表达式节点操作

一、学习目标

掌握表达式节点的创建与使用方法。

二、设计任务

1．任务描述

利用表达式节点计算 $y=3*x+100$。

2．任务实现

（1）程序前面板设计

新建 VI。切换到 LabVIEW 的前面板窗口，通过控件选板给程序前面板添加控件。

1）添加1个数值输入控件。将标签改为"x"。

2）添加1个数值显示控件。将标签改为"y"。

设计的程序前面板如图6-28所示。

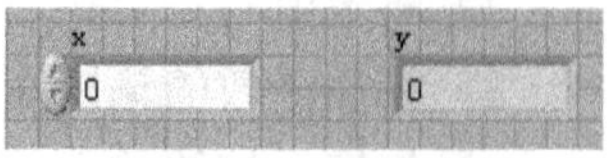

图6-28 程序前面板

（2）程序框图设计

切换到LabVIEW的程序框图窗口，调整控件位置，添加节点与连线。

1）添加1个表达式节点：函数→数值→表达式节点。

2）在表达式节点的框架中输入公式，如"3*x+100"。

注意：表达式节点框架内公式后不需要分号结尾。

3）将数值输入控件与表达式节点的输入端口相连。

4）将表达式节点的输出端口与数值显示控件相连。

连线后的程序框图如图6-29所示。

（3）运行程序

切换到前面板窗口，单击工具栏"连续运行"按钮，运行程序。

在数值输入控件中输入数值，如"10"，单击界面空白处，经过表达式节点中的公式"3*x+100"计算，得到输出结果"130"。

程序运行界面如图6-30所示。

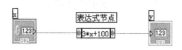

图6-29 程序框图

图6-30 程序运行界面

6.6 属性节点

属性节点可以实时改变前面板对象的颜色、大小和是否可见等属性，从而达到最佳的人机交互效果。通过改变前面板对象的属性值，可以在程序的执行过程中，通过属性节点获取或设置前面板控件的属性。例如，在程序运行的某个特定阶段，希望禁用某些前面板控件，以避免用户的误操作；而在程序运行的其他阶段，又希望启用这些控件，利用属性节点便可以实现这些功能的动态设置。

实例28 属性节点操作

一、学习目标

掌握属性节点的创建与使用方法。

二、设计任务

（一）任务1

1．任务描述

利用属性节点使指示灯控件可见或不可见。

2．任务实现

（1）程序前面板设计

新建 VI。切换到 LabVIEW 的前面板窗口，通过控件选板给程序前面板添加控件。

1）添加 1 个滑动开关控件，标签为"开关"。

2）添加 1 个圆形指示灯控件，标签为"灯"。

设计的程序前面板如图 6-31 所示。

（2）程序框图设计

切换到 LabVIEW 的程序框图窗口，调整控件位置，添加节点与连线。

1）右键单击前面板指示灯控件，在弹出的快捷菜单中选择"创建"→"属性节点"选项，此时将会弹出一个下级子菜单，该菜单包含指示灯控件的所有可选属性，如图 6-32 所示。用户选定某项属性后，如"可见"，便可在程序框图窗口创建一个属性节点。

图 6-31　程序前面板　　　　　　　　　图 6-32　指示灯属性节点设置

说明：当属性节点与指示灯控件的"可见"属性相关联时，属性节点的输入端口属于布尔型端口。当输入为"真"时，指示灯控件在前面板是可见的；当输入为"假"时，指示灯控件在前面板则是不可见的。

用户还可以给属性节点添加与其相关联的属性。方法如下：直接用鼠标左键拖动属性节点上下边框的尺寸控制点，即可添加属性。

2）将属性节点设置成"写入"状态。在默认情况下，属性节点处于"读取"状态，用户可以将属性节点设置成"写入"状态。方法如下：右键单击属性节点，在弹出的快捷菜单中选择"转换为写入"选项，即可将属性节点设置成"写入"状态。

3）将开关控件的输出端口与灯属性节点的输入端口"可见"相连。

连线后的程序框图如图 6-33 所示。

图 6-33　程序框图

（3）运行程序

切换到前面板窗口，单击工具栏"连续运行"按钮，运行程序。

程序运行后看不见指示灯，如图 6-34a 所示，单击开关使开关键置于右侧位置，指示灯出现（可见），如图 6-34b 所示。

a)　　　　　　　　b)

图 6-34　程序运行界面

（二）任务 2

1．任务描述

利用属性节点使数值输入控件可用或不可用。

2．任务实现

（1）程序前面板设计

新建 VI。切换到 LabVIEW 的前面板窗口，通过控件选板给程序前面板添加控件。

1）添加两个数值输入控件，标签分别改为"数值条件"和"数值输入"。

2）添加 1 个数值显示控件，标签改为"数值显示"。

设计的程序前面板如图 6-35 所示。

（2）程序框图设计

切换到 LabVIEW 的程序框图窗口，调整控件位置，添加节点与连线。

1）右键单击前面板"数值输入"控件，在弹出的快捷菜单中选择"创建"→"属性节点"命令，此时将会弹出一个下级子菜单，该菜单包含数值输入控件的所有可选属性，如图 6-36 所示。用户选定某项属性后，如选中"禁用"选项便可在程序框图窗口创建一个属性节点。

图 6-35　程序前面板　　　　　　　　　　　图 6-36　属性节点设置

当属性节点与数值控件的"禁用"属性相关联时，属性节点的输入端口属于 U8 型端口。

2）将属性节点设置成"写入"状态。在默认情况下，属性节点处于"读取"状态，用户可以将属性节点设置成"写入"状态。右键单击属性节点，在弹出的快捷菜单中选择"转换为写入"选项，即可将属性节点设置成"写入"状态。

3）将数值条件输入控件的输出端口与数值输入属性节点的输入端口"禁用"相连。

4）将数值输入控件的输出端口与数值显示控件的输入端口相连。

连线后的程序框图如图 6-37 所示。

图 6-37　程序框图

（3）运行程序

切换到前面板窗口，单击工具栏"连续运行"按钮，运行程序。

当数值条件控件输入为 0 时，数值输入控件处于"启用"状态，用户可以使用该控件，如图 6-38a 所示；当数值条件控件输入为 1 时，数值输入控件处于"禁用"状态，用户不能使用该控件，如图 6-38b 所示；当数值条件控件输入为 2 时，数值输入控件处于"禁用并变灰"状态，用户不能使用该控件，且该控件变成灰色，如图 6-38c 所示。

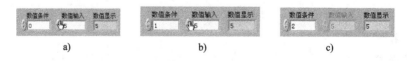

a）　　　　　　　　　　　b）　　　　　　　　　　　c）

图 6-38　程序运行界面

第7章　LabVIEW 文件 I/O 与人机界面设计

文件操作与管理是测试系统软件开发的重要组成部分，数据存储、参数输入、系统管理都离不开文件的建立、操作和维护。LabVIEW 为文件的操作与管理提供了一组高效的 VI 集。

人机界面是人与机器进行交互的界面，虽然程序的内部逻辑是程序运行的关键所在，但是人机界面的美观性和人性化更是不可忽视的重点。

7.1　文件 I/O 概述

7.1.1　文件类型

LabVIEW 提供多种类型的文件格式供用户使用，下面介绍几种在数据采集中经常用到的文件类型。

1. 文本文件

文本文件以 ASCII 码的格式存储测量数据，因此在写入文本文件之前须将数据转换为 ASCII 字符串。因为文本文件具有这个特点，所以其通用性很好，许多文本编辑工具都可以访问文本文件，如常用的 Microsoft Word、Excel 等。

如磁盘空间、文件 I/O 操作速度和数字精度不是主要考虑因素，或无须进行随机读写，应使用文本文件存储数据，方便其他用户或应用程序读取文件。

但由于在保存/读取文件之前需要进行数据转换，导致数据的写入/读取速度受到了很大的影响。另外，用户不能随机地访问文本文件中的某个数据。

2. 二进制文件

二进制文件可用来保存数值数据并访问文件中指定数字，或随机访问文件中的数字。与文本文件不同，二进制文件只能通过机器读取。

使用二进制文件格式对测量数据进行读/写操作时不需要任何的数据转换，因此这种文件格式是一种效率很高的文件存储格式，而且这种格式的记录文件占用的硬盘空间比较小。但二进制文件不能使用普通的文本编辑工具对其进行访问，因此这种格式的数据记录文件的通用性比较差。

3. 数据记录文件

数据记录文件可访问和操作数据（仅 LabVIEW 中），并可快速方便地存储复杂的数据结构。

数据记录文件本质上也是一种二进制格式的文件，所不同的是，数据记录文件以记录的格式存储数据，一个记录中可以包含多种不同类型的数据。另外，这种数据记录文件只能使用 LabVIEW 对其进行读/写操作。

4. 电子表格文件

电子表格文件实际上是一种文本文件，数据仍以 ASCII 码的格式存储，只是该类型的文件对输入的数据在格式上作了一些规定，如用制表符 Tab 表示列标记。

5. 波形文件

波形文件能够将波形数据的许多信息保存下来，如波形的起始时刻、采样间隔等。

使用何种格式的文件取决于采集和创建的数据及访问这些数据的应用程序。应根据以下标准确定使用的文件格式：

1）如需在其他应用程序中访问这些数据，应使用最常见且便于存取的文本文件。

2）如需随机读写文件或读取速度及磁盘空间有限，应使用二进制文件。它在磁盘空间利用和读取速度方面优于文本文件。

3）如需在 LabVIEW 中处理复杂的数据记录或不同的数据类型，应使用数据记录文件。

7.1.2　文件操作

典型的文件 I/O 操作包括以下流程：

1）创建或打开一个文件，文件打开后，引用句柄即代表该文件的唯一标识符。

2）文件 I/O VI 或函数从文件中读取或向文件写入数据。

3）关闭该文件。

文件操作过程中需要用到引用句柄。引用句柄是一种特殊的数据类型，位于控件选板的"引用句柄"子选板中。每次打开/新建一个文件时，LabVIEW 都会返回一个引用句柄。引用句柄包含该文件许多相关的信息，包括文件的大小、访问权限等，所有针对该文件的操作都可以通过这个引用句柄进行。文件被关闭后，引用句柄将被释放。每次打开文件时返回的引用句柄是不相同的。

任何一个文件的操作，都需要先确定文件在磁盘中的位置。LabVIEW 也是通过文件路径来定位文件的。大多数操作系统都支持树状目录结构，即有一个根目录，在根目录下可以文件和子目录，子目录下又可以包含各级子目录及文件。

LabVIEW 提供众多的文件 I/O 节点，以满足用户不同的操作需求。文件 I/O 节点位于函数选板上的"文件 I/O"函数子选板中，如图 7-1 所示。

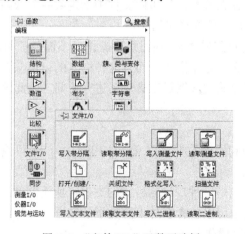

图 7-1　"文件 I/O"函数子选板

实例 29　写入与读取文本文件

一、学习目标

掌握文本文件的写入与读取方法。

二、设计任务

（一）任务 1

1．任务描述

实时绘制正弦曲线，并将绘图数据存入文本文件中。

2．任务实现

（1）程序前面板设计

新建 VI。切换到 LabVIEW 的前面板窗口，通过控件选板给程序前面板添加控件。

从图形子选板添加 1 个波形图表控件。

设计的程序前面板如图 7-2 所示。

（2）程序框图设计

切换到 LabVIEW 的程序框图窗口，调整控件位置，添加节点与连线。

1）添加 1 个 For 循环结构。

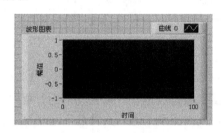

图 7-2　程序前面板

2）添加 1 个数值常量。将值改为 "100"。

3）将数值常量 "100" 与 For 循环结构的计数端口 "N" 相连。

以下节点或函数添加到 For 循环结构中。

4）添加 1 个除函数。

5）添加 1 个数值常量，值改为 "10"。

6）将 For 循环结构的循环端口与除函数的输入端口 "x" 相连。

7）将数值常量 "10" 与除函数的输入端口 "y" 相连。

8）添加 1 个正弦函数：函数→数学→初等与特殊函数→三角函数→正弦。

9）将除函数的输出端口 "x/y" 与正弦函数的输入端口 "x" 相连。

10）将波形图表控件的图标移到 For 循环结构中。

11）将正弦函数的输出端口 "sin(x)" 与波形图表控件的输入端口相连。

12）添加 1 个字符串常量，值改为 "%.4f"。

13）添加 1 个格式化写入字符串函数。

14）将正弦函数的输出端口 "sin(x)" 与格式化写入字符串函数的输入端口 "输入 1" 相连。

15）将字符串常量 "%.4f" 与格式化写入字符串函数的输入端口 "格式字符串" 相连。

16）添加 1 个数值常量，将值改为"50"。

17）添加 1 个"等待（ms）"定时函数。

18）将数值常量"50"与定时函数等待（ms）的输入端口"等待时间"相连。

19）添加 1 个字符串常量，值改为"输入文件名"。

20）添加 1 个文件对话框函数：函数→文件 I/O→高级文件函数→文件对话框。

21）添加 1 个写入文本文件函数：函数→文件 I/O→写入文本文件。

22）将字符串常量"输入文件名"与文件对话框函数的输入端口"提示"相连。

23）将格式化写入字符串函数的输出端口"结果字符串"与写入文本文件函数的输入端口"文本"相连。

24）将文件对话框函数的输出端口"所选路径"与写入文本文件函数的输入端口"文件（使用对话框）"相连。

连线后的程序框图如图 7-3 所示。

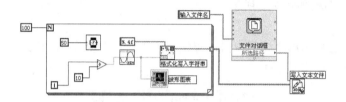

图 7-3　程序框图

（3）运行程序

切换到前面板窗口，单击工具栏"运行"按钮，运行程序。

程序实时绘制正弦曲线，同时出现"输入文件名"对话框，如图 7-4 所示，选择或输入文本文件名，如 test.txt，绘制曲线的数据保存到指定的文本文件 test.txt 中。可使用"记事本"程序打开文本文件 test.txt，观察保存的数据，如图 7-5 所示。

程序运行界面如图 7-6 所示。

图 7-4　输入文件名对话框

图 7-5　使用记事本观察保存的数据

（二）任务 2

1. 任务描述

从文本文件中读取数据，并显示到界面的字符串文本框中。

2．任务实现

（1）程序前面板设计

新建 VI。切换到 LabVIEW 的前面板窗口，通过控件选板给程序前面板添加控件。

添加 1 个字符串显示控件，标签名为"字符串"。

设计的程序前面板如图 7-7 所示。

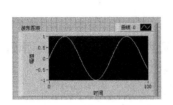

图 7-6　程序运行界面　　　　　　　　图 7-7　程序前面板

（2）程序框图设计

新建 VI。切换到 LabVIEW 的前面板窗口，通过控件选板给程序前面板添加控件。

1）添加 1 个字符串常量，值改为"请选择文本文件"。

2）添加 1 个文件对话框函数：函数→文件 I/O→高级文件函数→文件对话框。

3）添加 1 个读取文本文件函数：函数→文件 I/O→读取文本文件。

4）将字符串常量"请选择文本文件"与文件对话框函数的输入端口"提示"相连。

5）将文件对话框函数的输出端口"所选路径"与读取文本文件函数的输入端口"文件（使用对话框）"相连。

6）将读取文本文件函数的输出端口"文本"与字符串显示控件的输入端口相连。

连线后的程序框图如图 7-8 所示。

（3）运行程序

切换到前面板窗口，单击工具栏"运行"按钮，运行程序。

程序运行后，首先出现"请选择文本文件"对话框，本例选择任务 1 生成的文本文件 test.txt，读取后将文件中的数据显示出来，可与图 7-5 中的数据比较。

程序运行界面如图 7-9 所示。

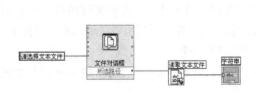

图 7-8　程序框图　　　　　　　　　　图 7-9　程序运行界面

实例30　写入与读取二进制文件

一、学习目标

掌握二进制文件的写入与读取方法。

二、设计任务

（一）任务 1

1. 任务描述

实时绘制随机曲线，并将绘图数据存入二进制文件中。

2. 任务实现

（1）程序前面板设计

新建 VI。切换到 LabVIEW 的前面板窗口，通过控件选板给程序前面板添加控件。

1）从图形子选板添加 1 个波形图控件，标签为"波形图"。

2）从数组、矩阵与簇子选板添加 1 个数组控件，标签为"数组"。

将数值显示控件放入数组框架中，将成员数量设置为 10 列。

设计的程序前面板如图 7-10 所示。

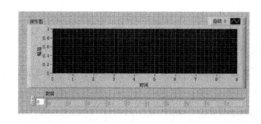

图 7-10　程序前面板

（2）程序框图设计

新建 VI。切换到 LabVIEW 的前面板窗口，通过控件选板给程序前面板添加控件。

1）从结构子选板添加 1 个 For 循环结构。

2）添加 1 个数值常量，将值改为"10"。

3）将数值常量"10"与 For 循环结构的计数端口"N"相连。

4）在 For 循环结构中从数值子选板添加 1 个"随机数（0-1）"函数。

5）在 For 循环结构中从文件 I/O 子选板添加 1 个写入二进制文件函数。

6）将随机数（0-1）函数与写入二进制文件函数的输入端口"数据"相连。

7）将随机数（0-1）函数与波形图控件、数组显示控件的输入端口相连。

8）添加 1 个字符串常量，值改为"请输入二进制文件名"。

9）添加 1 个文件对话框函数：函数→编程→文件 I/O→高级文件函数→文件对话框。

10）将字符串常量"请输入二进制文件名"与文件对话框函数的输入端口"提示"相连。

11）从文件 I/O 子选板添加 1 个"打开/创建/替换文件"函数。

12）将文件对话框函数的输出端口"所选路径"与打开/创建/替换文件函数的输入端口"文件路径（使用对话框）"相连。

13）将打开/创建/替换文件函数的输出端口"引用句柄输出"与写入二进制文件函数的

输入端口"文件（使用对话框）"相连。

连线后的程序框图如图 7-11 所示。

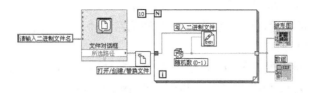

图 7-11　程序框图

（3）运行程序

切换到前面板窗口，单击工具栏"运行"按钮 ，运行程序。

程序实时绘制随机曲线，同时出现文件对话框，选择或输入二进制文件名，如 test.bin，绘制曲线的数据将保存到指定的二进制文件 test.bin 中。

程序运行界面如图 7-12 所示。

（二）任务 2

1．任务描述

从二进制文件中读取数据并显示。

2．任务实现

（1）程序前面板设计

新建 VI。切换到 LabVIEW 的前面板窗口，通过控件选板给程序前面板添加控件。

1）从图形子选板添加 1 个波形图控件，标签为"波形图"。

2）从数组、矩阵与簇子选板添加 1 个数组控件，标签为"数组"。

将数值显示控件放入数组框架中，将成员数量设置为 10 列。

设计的程序前面板如图 7-13 所示。

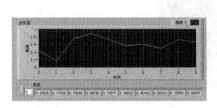

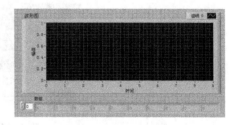

图 7-12　程序运行界面　　　　　　　　　图 7-13　程序前面板

（2）程序框图设计

新建 VI。切换到 LabVIEW 的前面板窗口，通过控件选板给程序前面板添加控件。

1）添加 1 个字符串常量，值改为"请选择二进制文件"。

2）添加 1 个文件对话框函数：函数→文件 I/O→高级文件函数→文件对话框。

3）将字符串常量"请选择二进制文件"与文件对话框函数的输入端口"提示"相连。

4）从文件 I/O 子选板添加 1 个"打开/创建/替换文件"函数。

5）将文件对话框函数的输出端口"所选路径"与打开/创建/替换文件函数的输入端口"文件路径（使用对话框）"相连。

6）从文件 I/O 子选板添加 1 个"读取二进制文件"函数。

7）将打开/创建/替换文件函数的输出端口"引用句柄输出"与读取二进制文件函数的输入端口"文件（使用对话框）"相连。

8）添加 1 个数值常量，值改为"10"；将数值常量"10"与读取二进制文件函数的输入端口"总数（1）"相连。

9）添加 1 个数值常量，值为"0"。右键单击数值常量"0"，选择"表示法"→"扩展精度"命令；将数值常量"0"与读取二进制文件函数的输入端口"数据类型"相连。

10）从文件 I/O 子选板添加 1 个"关闭文件"函数；将读取二进制文件函数的输出端口"引用句柄输出"与关闭文件函数的输入端口"引用句柄"相连。

11）将读取二进制文件函数的输出端口"数据"与波形图控件、数组显示控件的输入端口相连。

连线后的程序框图如图 7-14 所示。

图 7-14　程序框图

（3）运行程序

切换到前面板窗口，单击工具栏"运行"按钮，运行程序。

程序运行后，首先出现"请选择二进制文件"对话框，本例选择任务 1 生成的二进制文件 test.bin，读取后将文件中的数据显示出来。

程序运行界面如图 7-15 所示，可与图 7-12 中的数据比较。

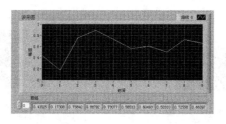

图 7-15　程序运行界面

实例 31　写入与读取波形文件

一、学习目标

掌握波形文件的写入与读取方法。

二、设计任务

（一）任务 1

1．任务描述

实时绘制正弦曲线，并将绘图数据存入波形文件中。

2. 任务实现

（1）程序前面板设计

新建 VI。切换到 LabVIEW 的前面板窗口，通过控件选板给程序前面板添加控件。

从图形子选板添加 1 个波形图控件，标签名称为"波形图"。

设计的程序前面板如图 7-16 所示。

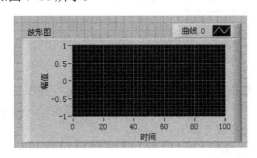

图 7-16　程序前面板

（2）程序框图设计

新建 VI。切换到 LabVIEW 的前面板窗口，通过控件选板给程序前面板添加控件。

1）从结构子选板添加 1 个 For 循环结构。

2）添加 1 个数值常量，将值改为"100"。

3）将数值常量"100"与 For 循环结构的计数端口"N"相连。

4）在 For 循环结构中从数值子选板添加 1 个"除"函数。

5）在 For 循环结构中添加 1 个数值常量，值改为"10"。

6）将 For 循环结构的循环端口与除函数的输入端口"x"相连。

7）将数值常量"10"与除函数的输入端口"y"相连。

8）在 For 循环结构中添加 1 个正弦函数：函数→数学→初等与特殊函数→三角函数→正弦。

9）将除函数的输出端口"x/y"与正弦函数的输入端口"x"相连。

10）将正弦函数的输出端口"sin(x)"与波形图控件的输入端口相连。

11）在 For 循环结构中添加 1 个数值常量，将值改为"50"。

12）在 For 循环结构中添加 1 个"等待（ms）"定时函数。

13）在 For 循环结构中将数值常量"50"与定时函数"等待（ms）"的输入端口"等待时间"相连。

14）添加 1 个文件对话框函数：函数→文件 I/O→高级文件函数→文件对话框。

15）添加 1 个写入波形至文件函数：函数→文件 I/O→波形文件 I/O→写入波形至文件（或者从"波形"选板中添加）。

16）添加 1 个布尔真常量。

17）将文件对话框函数的输出端口"所选路径"与写入波形至文件函数的输入端口"文件路径（空时为对话框）"相连。

18）将正弦函数的输出端口"sin(x)"与写入波形至文件函数的输入端口"波形图"相连。

19）将真常量与写入波形至文件函数的输入端口"添加至文件?"相连。

连线后的程序框图如图 7-17 所示。

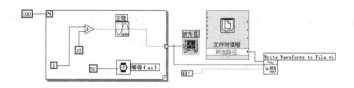

图 7-17　程序框图

（3）运行程序

切换到前面板窗口，单击工具栏"运行"按钮⬚，运行程序。

程序实时绘制正弦曲线，同时出现文件对话框，选择或输入波形文件名，如 test.dat，绘制曲线的数据保存到指定的波形文件 test.dat 中。

程序运行界面如图 7-18 所示。

（二）任务 2

1．任务描述

从波形文件中读取数据，并通过波形控件显示。

2．任务实现

（1）程序前面板设计

新建 VI。切换到 LabVIEW 的前面板窗口，通过控件选板给程序前面板添加控件。

从图形子选板添加 1 个波形图控件，标签名称为"波形图"。

设计的程序前面板如图 7-19 所示。

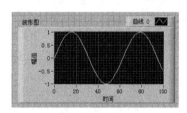

图 7-18　程序运行界面

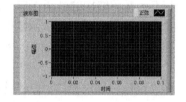

图 7-19　程序前面板

（2）程序框图设计

新建 VI。切换到 LabVIEW 的前面板窗口，通过控件选板给程序前面板添加控件。

1）添加 1 个文件对话框函数：函数→文件 I/O→高级文件函数→文件对话框。

2）添加 1 个从文件读取波形函数：函数→文件 I/O→波形文件 I/O→从文件读取波形（或者从"波形"选板中添加）。

3）将文件对话框函数的输出端口"所选路径"与从文件读取波形函数的输入端口"文件路径（空时为对话框）"相连。

4）将从文件读取波形函数的输出端口"记录中所有波形"与波形图控件的输入端口相连。

连线后的程序框图如图 7-20 所示。

（3）运行程序

切换到前面板窗口，单击工具栏"运行"按钮⬚，运行程序。

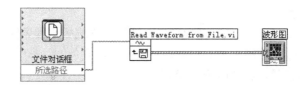

图 7-20 程序框图

程序运行后，出现选择文件对话框，本例选择任务 1 生成的波形文件 test.dat，读取后显示波形。

程序运行界面如图 7-21 所示。

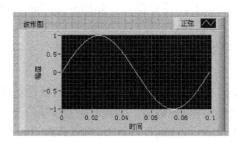

图 7-21 程序运行界面

实例 32 写入与读取电子表格文件

一、学习目标

掌握电子表格文件的写入与读取方法。

二、设计任务

（一）任务 1

1．任务描述

在一个波形图控件上同时绘制正弦曲线和余弦曲线，并将绘图数据存入电子表格文件中。

2．任务实现

（1）程序前面板设计

新建 VI。切换到 LabVIEW 的前面板窗口，通过控件选板给程序前面板添加控件。

从图形子选板添加 1 个波形图控件，标签为"波形图"。

设计的程序前面板如图 7-22 所示。

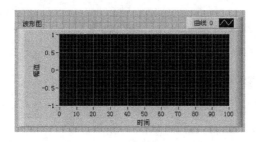

图 7-22 程序前面板

（2）程序框图设计

新建 VI。切换到 LabVIEW 的前面板窗口，通过控件选板给程序前面板添加控件。

1）添加 1 个 For 循环结构。

2）添加 1 个数值常量，将值改为"100"。

3）将数值常量"100"与 For 循环结构的计数端口"N"相连。

4）在 For 循环结构中从数值子选板添加 1 个"除"函数。

5）在 For 循环结构中添加 1 个数值常量，值改为"10"。

6）将 For 循环结构的循环端口与除函数的输入端口"x"相连。

7）将数值常量"10"与除函数的输入端口"y"相连。

8）在 For 循环结构中添加 1 个正弦函数：函数→数学→初等与特殊函数→三角函数→正弦。

9）在 For 循环结构中添加 1 个余弦函数：函数→数学→初等与特殊函数→三角函数→余弦。

10）将除函数的输出端口"x/y"分别与正弦函数、余弦函数的输入端口"x"相连。

11）从数组子选板添加 1 个"创建数组"函数。将元素端口设置为两个。

12）将正弦函数的输出端口"sin(x)"与创建数组函数的一个输入端口"元素"相连；将余弦函数的输出端口"cos(x)"与创建数组函数的另一个输入端口"元素"相连。

13）将创建数组函数的输出端口"添加的数组"与波形图控件的输入端口相连。

14）添加 1 个文件对话框函数：函数→文件 I/O→高级文件函数→文件对话框。

15）添加两个写入电子表格文件函数：函数→文件 I/O→写入带分割符电子表格。

16）添加两个布尔真常量。

17）将正弦函数的输出端口"sin(x)"与一个写入带分割符电子表格函数的输入端口"一维数据"相连；将余弦函数的输出端口"cos(x)"与另一个写入带分割符电子表格函数的输入端口"一维数据"相连。

18）将文件对话框函数的输出端口"所选路径"分别与两个写入带分割符电子表格函数的输入端口"文件路径（空时为对话框）"相连。

19）将两个真常量分别与两个写入带分割符电子表格函数的输入端口"添加至文件?"相连。

连线后的程序框图如图 7-23 所示。

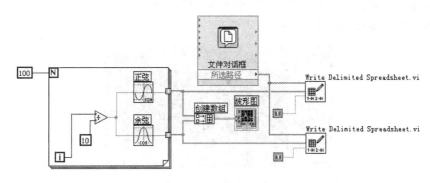

图 7-23　程序框图

（3）运行程序

切换到前面板窗口，单击工具栏"运行"按钮 ，运行程序。

程序实时绘制正弦曲线和余弦曲线，同时出现文件对话框，选择或输入电子表格文件名，如 test.xls，绘制曲线的数据保存到指定的电子表格文件 test.xls 中。

程序运行界面如图 7-24 所示。可使用 Excel 程序打开电子表格文件 test.xls，观察保存的数据，如图 7-25 所示。

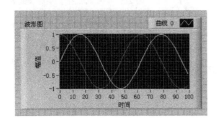

图 7-24　程序运行界面

图 7-25　使用 Excel 程序观察数据

（二）任务 2

1．任务描述

从电子表格文件中读取数据，并通过波形控件显示。

2．任务实现

（1）程序前面板设计

新建 VI。切换到 LabVIEW 的前面板窗口，通过控件选板给程序前面板添加控件。

从图形子选板添加 1 个波形图控件，标签名称为"波形图"。

设计的程序前面板如图 7-26 所示。

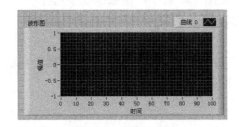

图 7-26　程序前面板

（2）程序框图设计

新建 VI。切换到 LabVIEW 的前面板窗口，通过控件选板给程序前面板添加控件。

1）添加 1 个文件对话框函数：函数→文件 I/O→高级文件函数→文件对话框。

2）添加 1 个读取电子表格文件函数：函数→文件 I/O→读取带分割符电子表格。

3）将文件对话框函数的输出端口"所选路径"与读取带分割符电子表格函数的输入端口"文件路径（空时为对话框）"相连。

4）将读取带分割符电子表格函数的输出端口"所有行"与波形图控件的输入端口相连。

连线后的程序框图如图 7-27 所示。

（3）运行程序

切换到前面板窗口，单击工具栏"运行"按钮🛇，运行程序。

程序运行后，出现选择文件对话框，本例选择任务 1 生成的电子表格文件 test.xls，读取后显示波形。

程序运行界面如图 7-28 所示（可与图 7-24 进行比较）。

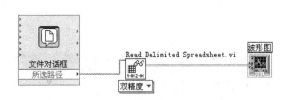

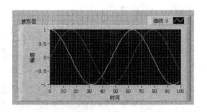

图 7-27　程序框图　　　　　　　　　　　　图 7-28　程序运行界面

7.2　人机界面设计

人性化的人机界面可以让用户享受使用过程，减少用户的操作时间，甚至在某些情况下能避免错误的发生。因此，一个好的程序应该在人机界面的设计上花费足够的时间和精力。

本节通过实例介绍了人机界面中常用的登录对话框和菜单的设计方法。

实例 33　创建登录对话框

在程序设计中，对话框是人机交互界面的一个重要控件。LabVIEW 有两种方法可实现对话框的设计：一种是直接使用 LabVIEW 函数面板中几种系统提供的简单对话框；另一种是通过子 VI 实现用户自定义功能较为复杂的对话框设计。

一、设计任务

使用"提示用户输入"对话框 VI 来创建登录对话框，当输入的用户名和密码均正确时，显示提示正确信息，否则显示提示错误信息。

二、任务实现

1．程序框图设计

切换到 LabVIEW 的程序框图窗口，添加节点与连线。

1）添加 1 个"提示用户输入"对话框 VI：函数→对话框与用户界面→提示用户输入。弹出"配置提示用户输入"对话框，如图 7-29 所示。

在显示的信息文本框输入"请输入您的用户名和密码："，在右侧输入栏输入名称"用户名"和"密码"，输入数据类型均选择"文本输入框"，按钮 1 名称设为"确定"，不显示按钮 2，窗口标题设为"用户登录对话框"。

2）添加 2 个"等于？"比较函数，标签分别为"等于函数 1"和"等于函数 2"。

3）添加 2 个字符串常量，分别设为"abc"和"123"；添加 1 个布尔"与"函数。

4）将"提示用户输入"对话框 VI 的输出端口"用户名"与"等于函数 1"的输入端口"x"相连；将字符串常量"abc"与"等于函数 1"的输入端口"y"相连。

5）将"提示用户输入"对话框 VI 的输出端口"密码"与"等于函数 2"的输入端口

"x"相连；将字符串常量"123"与"等于函数 2"的输入端口"y"相连。

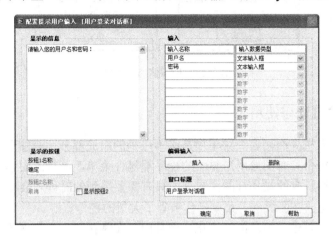

图 7-29 配置提示用户输入对话框

6）将"等于函数 1"的输出端口"x=y?"与逻辑"与"函数的输入端口"x"相连；将"等于函数 2"的输出端口"x=y?"与逻辑"与"函数的输入端口"y"相连。

7）添加 1 个条件结构。将"与"函数的输出端口"x 与 y?"与条件结构的选择端口⍰相连。

8）在条件结构的"真"选项中添加 1 个"显示对话框信息"对话框 VI：函数→对话框与用户界面→显示对话框信息。弹出"配置显示对话框信息"对话框，在"显示的信息"文本框输入"用户名与密码输入正确！"，按钮 1 名称设为"确定"。

9）在条件结构的"假"选项中添加 1 个"显示对话框信息"对话框 VI，弹出"配置显示对话框信息"对话框，在"显示的信息"文本框输入"用户名或密码输入错误！"，按钮 1 名称设为"确定"。

连线后的程序框图如 7-30 所示。

2．运行程序

切换到前面板窗口，单击工具栏"运行"按钮⏵，运行程序。

当程序运行时，弹出"用户登录对话框"，输入用户名和密码，如图 7-31 所示。当用户名和密码输入均正确时，弹出"用户名与密码输入正确！"提示框；当用户名和密码输入有一个错误时，弹出"用户名或密码输入错误！"提示框，如图 7-32 所示。

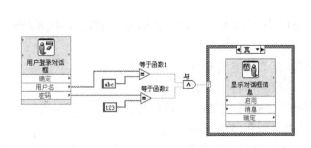

图 7-30 程序框图

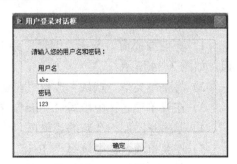

图 7-31 用户登录对话框

图 7-32   提示信息对话框

实例34   菜单的设计与使用

对一个良好的人机界面而言，菜单项是必不可少的组成部分，是图形用户界面中重要和通用的元素，几乎每个具有图形用户界面的程序都包含菜单，流行的图形操作系统也都支持菜单。它的好处是将所有的操作都隐藏起来，只有需要用到的时候才会被激活。相对于把所有的操作都作为按钮放在面板上，菜单操作节省了大量的控件资源。

菜单的主要作用是使程序功能层次化，而且用户在掌握了一个程序菜单的使用方法后，可以顺利使用其他程序的菜单。

LabVIEW 提供了两种创建菜单的方法，一是在菜单编辑器中完成设计；二是使用菜单函数子选板进行菜单设计。

一、设计任务

设计一个菜单，程序运行时，在画面显示菜单，并在执行菜单项时给出提示或响应。

二、任务实现

1. 程序前面板设计

新建 VI。切换到 LabVIEW 的前面板窗口，通过控件选板给程序前面板添加控件。

1）添加 1 个数值输入控件。标签为"数值"。

2）添加 1 个仪表控件。标签为"仪表"。

3）添加 1 停止按钮控件。

设计的程序前面板如图 7-33 所示。

图 7-33   程序前面板

2. 菜单编辑

1）在前面板窗口选择"编辑"菜单中的"运行时菜单"项，出现菜单编辑器对话框窗口，如图 7-34 所示。

2）将菜单类型"默认"改为"自定义"，菜单项类型变为"用户项"。

3）在菜单项名称中填写"_File"，在菜单项标识符中填写"File"。

4）单击 ➕ 添加一个新的菜单项，单击 ➡ 使其成为"File"菜单项的子菜单项。

5）在菜单项名称中填写"_Exit"，在菜单项标识符中填写"Exit"。

6）单击 ➕ 添加一个新的菜单项，然后单击 ⬅ 使插入的菜单成为与"File"菜单并列的菜单项。

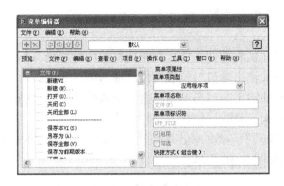

图 7-34　菜单编辑器窗口

7）在菜单项名称中填写"_Edit"，在菜单项标识符中填写"Edit"。

8）单击┿添加一个新的菜单项，单击┓使其成为"Edit"菜单项的子菜单项。

9）在菜单项名称中填写"_Cut"，在菜单项标识符中填写"Cut"。

10）单击┿添加一个新的菜单项，然后单击┓使插入的菜单成为与"Edit"菜单并列的菜单项。

11）在菜单项名称中填写"_Help"，在菜单项标识符中填写"Help"。

12）单击┿添加一个新的菜单项，单击┓使其成为"Help"菜单项的子菜单项。

13）在菜单项名称中填写"_About"，在菜单项标识符中填写"About"。

完成了菜单的设置，这时在预览窗口中已经完整的显示出菜单项的内容，此时菜单编辑器窗口如图 7-35 所示。

图 7-35　菜单预览窗口

打开菜单编辑器文件菜单，将菜单保存为"menu.rtm"。关闭菜单编辑器，系统将提示"将运行时菜单转换为 menu.rtm"，单击按钮"是"，退出菜单编辑器。

3. 程序框图设计

切换到 LabVIEW 的程序框图窗口，调整控件位置，添加节点与连线。

1）添加 1 个菜单操作函数：函数→对话框与用户界面→菜单→当前 VI 菜单栏。

2）添加 1 个 While 循环结构。

3）在 While 循环结构中添加 1 个菜单操作函数：函数→对话框与用户界面→菜单→获

取所选菜单项。

4）将"当前 VI 菜单栏"函数的输出端口"菜单引用"与"获取所选菜单项"函数的输入端口"菜单引用"相连。

5）将数值输入控件、仪表控件、停止按钮控件的图标移到 While 循环结构框架中。

6）将数值输入控件的输出端口与仪表控件的输入端口相连。

7）将停止按钮控件的输出端口与 While 循环结构的条件端口◉相连。

8）添加 1 个条件结构：函数→结构→条件结构。

9）将"获取所选菜单项"函数的输出端口"项标识符"与条件结构的选择端口"?"相连。设计好的程序框图如图 7-36 所示。

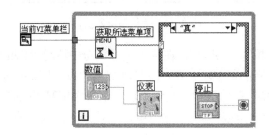

图 7-36　程序框图

10）使用"编辑文本"工具将条件结构"真"选项中的文字"真"修改为"Exit"，将"假"选项中的文字"假"修改为"Cut"。注意引号为英文输入法中的双引号。

11）增加 2 个条件结构的分支：右击条件结构的边框，在弹出的快捷菜单中选择"在后面添加分支"，执行 2 次。

12）在新增的一个分支条件行输入文本"About"；将新增的另一个分支条件行输入文本"Other"，然后右击"Other"分支条件行，在弹出菜单中选择"本分支设置为默认分支"。

条件结构的条件设置完成后变为如图 7-37 所示的 4 个选项（顺序可以不一样）。

13）在条件结构的"Exit"选项中添加 1 个停止函数：函数→应用程序控制→停止，如图 7-38 所示。

14）在条件结构的"Cut"选项中添加 1 个字符串常量：函数→字符串→字符串常量。值设为"您选择了 Cut 命令!"。

15）在条件结构的"Cut"选项中添加 1 个单按钮对话框：函数→对话框与用户界面→单按钮对话框。

图 7-37　设置条件结构的条件选项

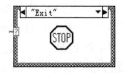

图 7-38　条件结构"Exit"选项

16）在条件结构的"Cut"选项中将字符串常量"您选择了 Cut 命令!"与单按钮对话框的输入端口"消息"相连，如图 7-39 所示。

17）在条件结构的"About"选项中添加 1 个字符串常量：函数→字符串→字符串常量。值为"关于菜单设计"。

18）在条件结构的"About"选项中添加 1 个单按钮对话框：函数→对话框与用户界面→单按钮对话框。

19）在条件结构的"About"选项中将字符串常量"关于菜单设计"与单按钮对话框的输入端口"消息"相连，如图 7-40 所示。

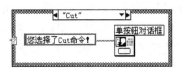

图 7-39　条件结构"Cut" 选项

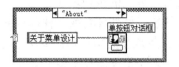

图 7-40　条件结构"About"选项

4．运行程序

切换到前面板窗口，单击工具栏"运行"按钮，运行程序。

程序运行界面出现 File、Edit 和 Help 三个菜单项。

其中 Edit 菜单下有 Cut 子菜单，选择该子菜单项，弹出"您选择了 Cut 命令！"对话框，如图 7-41 所示。

Help 菜单下有 About 子菜单，选择该子菜单项，弹出"关于菜单设计"对话框，如图 7-42 所示。

File 菜单下有 Exit 子菜单，选择该子菜单项，停止程序运行。

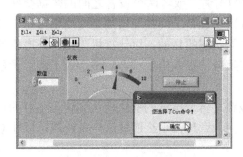

图 7-41　程序运行界面 1

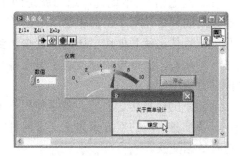

图 7-42　程序运行界面 2

第8章 LabVIEW 串口通信

目前计算机的串口通信应用十分广泛，串行接口技术简单成熟，性能可靠，价格低廉，所要求的软、硬件环境或条件都很低，广泛应用于计算机测控相关领域，早期的仪器、单片机、PLC 等均使用串口与计算机进行通信，最初多用于数据通信上，但随着工业测控行业的发展，许多测量仪器都安装了 RS-232 串口总线接口。

将带有 RS-232 总线接口的仪器作为 I/O 接口设备通过 RS-232 串口总线与 PC 计算机组成虚拟仪器系统，目前仍然是虚拟仪器的主要构成方式之一。与 GPIB 总线、VXI 总线、PXI 总线相比，它的接口简单，使用方便，主要适用于速度较低的测试系统。

8.1 串口通信概述

8.1.1 串口通信的基本概念

1. 通信与通信方式

什么是通信?简单地说，通信就是两个人之间的沟通，或者两个设备之间的数据交换。人类之间的通信使用了诸如电话、书信等工具进行；而设备之间的通信则是使用电信号。最常见的信号传递就是使用电压的改变来达到表示不同状态的目的。以计算机为例，高电位代表了一种状态，而低电位则代表了另一种状态，在组合了很多电位状态后就形成了两种设备之间的通信。

最简单的信息传送方式，就是使用一条信号线路来传送电压的变化而达到传送信息的目的，只要准备沟通的双方事先定义好何种状态代表何种意思，那么通过这一条线就可以让双方进行数据交换。

在计算机内部，所有的数据都是使用"位"来存储的，每一位都是电位的一个状态（计算机中以 0、1 表示）；计算机内部使用组合在一起的 8 位数据代表一般所使用的字符、数字及一些符号，例如 01000001 就表示一个字符。一般来说，必须传递这些字符、数字或符号才能算是数据交换。

数据传输可以通过两种方式进行：并行通信和串行通信。

（1）并行通信

如果一组数据的各数据位在多条线上同时被传送，则这种传输称为并行通信，如图 8-1 所示，使用了 8 条信号线一次将一个字符 11001101 全部传送完毕。

并行数据传送的特点是：各数据位同时传送，传送速度快、效率高，多用在实时、快速的场合，打印机端口就是一个典型的并行传送的例子。

并行传送的数据宽度可以是 1～128 位，甚至更宽，但是有多少数据位就需要多少根数据线，因此传送的成本高。在集成电路芯片的内部、同一插件板上各部件之间、同一机箱内各插件板之间的数据传送都是并行的。

并行数据传送只适用于近距离的通信，通常小于 30m。

（2）串行通信

串行通信是指通信的发送方和接收方之间数据信息的传输是在一根数据线上进行，以每次一个二进制的 0、1 为最小单位逐位进行传输，如图 8-2 所示。

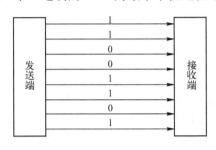

图 8-1　并行通信

图 8-2　串行通信

串行数据传送的特点：数据传送按位顺序进行，最少只需要一根传输线即可完成，节省传输线材料。与并行通信相比，串行通信还有较为显著的优点：传输距离长，可以从几米到几千米；串行通信的通信时钟频率容易提高；串行通信的抗干扰能力十分强，正是由于串行通信的接线少、成本低，因此它在数据采集和控制系统中得到了广泛的应用。

2．串口通信参数

串行端口的通信方式是将字节拆分成一个接着一个的位再传送出去。接到此电位信号的一方再将此一个一个的位组合成原来的字节，如此形成一个字节的完整传送，在数据传送时，应在通信端口初始化时设置几个通信参数。

（1）波特率

串行通信的传输受到通信双方设备性能及通信线路特性的影响，收、发双方必须按照同样的速率进行串行通信，即收、发双方采用同样的波特率。我们通常将传输速度称为波特率，指的是串行通信中每一秒所传送的数据位数，单位是 bit/s。我们经常可以看到仪器或 Modem 的规格书上都写着 19200bit/s、38400bit/s、……，所指的就是传输速度。例如，在某异步串行通信中，每传送一个字符需要 8 位，如果采用波特率 4800bit/s 进行传送，则每秒可以传送 600 个字符。

（2）数据位

当接收设备收到起始位后，紧接着就会收到数据位，数据位的个数可以是 5、6、7 或 8 位数据。在字符数据传送的过程中，数据位从最低有效位开始传送。

（3）起始位

在通信线上，没有数据传送时处于逻辑"1"状态。当发送设备要发送一个字符数据时，首先发出一个逻辑"0"信号，这个逻辑低电平就是起始位。起始位通过通信线传向接收设备，当接收设备检测到这个逻辑低电平后，就开始准备接收数据位信号。因此，起始位所起的作用就是表示字符传送的开始。

（4）停止位

在奇偶校验位或者数据位（无奇偶校验位时）之后是停止位。它可以是 1 位、1.5 位或

2 位，停止位是一个字符数据的结束标志。

（5）奇偶校验位

数据位发送完之后，就可以发送奇偶校验位。奇偶校验位用于有限差错检验，通信双方在通信时约定一致的奇偶校验方式。就数据传送而言，奇偶校验位是冗余位，它表示数据的一种性质，用于检错。

8.1.2 串口通信标准

1. RS-232 串口通信标准

（1）概述

RS-232C 是美国电子工业协会（Electronic Industry Association，EIA）于 1962 年公布，并于 1969 年修订的串行接口标准。它已经成为国际上通用的标准。

RS-232C 标准（协议）的全称是 EIA-RS-232C 标准，其中 RS（Recommended Standard）代表推荐标准，232 是标识号，C 代表 RS-232 的最新一次修改（1969），它适合于数据传输速率在 0～20000bit/s 范围内的通信。这个标准对串行通信接口的有关问题，如信号电平、信号线功能、电气特性、机械特性等都做了明确规定。

目前 RS-232C 已成为数据终端设备（Data Terminal Equipment，DTE），如计算机和数据通信设备（Data Communication Equipment，DCE），如 Modem 的接口标准。

目前 RS-232C 是 PC 与通信工业中应用最广泛的一种串行接口，在 IBM PC 上的 COM1、COM2 接口，就是 RS-232C 接口。

利用 RS-232C 串行通信接口可实现两台个人计算机的点对点的通信；可与其他外设（如打印机、逻辑分析仪、智能调节仪、PLC 等）近距离串行连接；连接调制解调器可远距离地与其他计算机通信；将其转换为 RS-422 或 RS-485 接口，可实现一台个人计算机与多台现场设备之间的通信。

（2）RS-232C 接口连接器

由于 RS-232C 并未定义连接器的物理特性，因此，出现了 DB-25 和 DB-9 各种类型的连接器，其引脚的定义也各不相同。现在计算机上一般只提供 DB-9 连接器，都为公头。相应的连接线上的串口连接器也有公头和母头之分，如图 8-3 所示。

作为多功能 I/O 卡或主板上提供的 COM1 和 COM2 两个串行接口的 DB-9 连接器，它只提供异步通信的 9 个信号引脚，如图 8-4 所示，各引脚的信号功能描述见表 8-1。

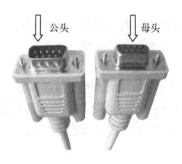

图 8-3　公头与母头串口连接器

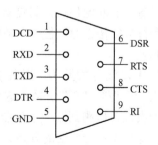

图 8-4　DB-9 串口连接器

表8-1　9针串行口的针脚功能

针脚	符号	通信方向	功能
1	DCD	计算机 → 调制解调器	载波信号检测。用来表示 DCE 已经接收到满足要求的载波信号，已经接通通信链路，告知 DTE 准备接收数据
2	RXD	计算机 ← 调制解调器	接收数据。接收 DCE 发送的串行数据
3	TXD	计算机 → 调制解调器	发送数据。将串行数据发送到 DCE。在不发送数据时，TXD 保持逻辑 "1"
4	DTR	计算机 → 调制解调器	数据终端准备好。当该信号有效时，表示 DTE 准备发送数据至 DCE，可以使用
5	GND	计算机 ＝ 调制解调器	信号地线。为其他信号线提供参考电位
6	DSR	计算机 ← 调制解调器	数据装置准备好。当该信号有效时，表示 DCE 已经与通信的信道接通，可以使用
7	RTS	计算机 → 调制解调器	请求发送。该信号用来表示 DTE 请求向 DCE 发送信号。当 DTE 欲发送数据时，将该信号置为有效，向 DCE 提出发送请求
8	CTS	计算机 ← 调制解调器	清除发送。该信号是 DCE 对 RTS 的响应信号。当 DCE 已经准备好接收 DTE 发送的数据时，将该信号置为有效，通知 DTE 可以通过 TXD 发送数据
9	RI	计算机 ← 调制解调器	振铃信号指示。当 Modem（DCE）收到交换台送来的振铃呼叫信号时，该信号被置为有效，通知 DTE 对方已经被呼叫

　　RS-232C 的每一支引脚都有它的作用，也有它信号流动的方向。原来的 RS-232C 是设计用来连接调制解调器作传输之用的，因此它的脚位意义通常也和调制解调器传输有关。

　　从功能来看，全部信号线分为 3 类，即数据线（TXD、RXD）、地线（GND）和联络控制线（DSR、DTR、RI、DCD、RTS、CTS）。

　　可以从表 8-1 中了解到硬件线路上的方向。另外值得一提的是，如果从计算机的角度来看这些脚位的通信状况的话，流进计算机端的，可以看成数字输入；而流出计算机端的，则可以看成数字输出。

　　数字输入与数字输出的关系是什么呢？从工业应用的角度来看，所谓的输入就是用来"监测"，而输出就是用来"控制"的。

（3）RS-232C 接口电气特性

EIA-RS-232C 对电气特性、逻辑电平和各种信号线功能都做了规定。

在 TXD 和 RXD 上：逻辑 1 为 $-15\sim-3V$；　逻辑 0 为 $+3\sim+15V$。

　　在 RTS、CTS、DSR、DTR 和 DCD 等控制线上：信号有效（接通，ON 状态，正电压）为 $+3\sim+15V$；信号无效（断开，OFF 状态，负电压）为 $-15\sim-3V$。

以上规定说明了 RS-232C 标准对逻辑电平的定义。

2．RS-422/485 串口通信标准

RS-422 由 RS-232 发展而来，它是为弥补 RS-232 的不足而提出的。为改进 RS-232 抗干扰能力差、通信距离短、速率低的缺点，RS-422 定义了一种平衡通信接口，将传输速率提高到 10Mbit/s，传输距离延长到 1219m（速率低于 100Kbit/s 时），并允许在一条平衡总线上连接最多 10 个接收器。RS-422 是一种单机发送、多机接收的单向、平衡传输通信标准。

　　为扩展 RS-422 应用范围，EIA 又在 RS-422 基础上制定了 RS-485 标准，增加了多点、双向通信能力，即允许多个发送器连接到同一条总线上，同时增加了发送器的驱动能力和冲突保护特性，扩展了总线共模范围，后命名为 TIA/EIA-488-A 标准。由于 EIA 提出的建议标准都是以 "RS" 作为前缀，所以在通信工业领域，仍然习惯将上述标准以 RS 作为前缀称谓。

由于 RS-485 是从 RS-422 基础上发展而来的，所以 RS-485 许多电气规定与 RS-422 相同。如都采用平衡传输方式，都需要在传输线上接终端匹配电阻等。

RS-485 可以采用二线与四线方式，二线制可实现真正的多点双向通信。其主要特点如下。

1）RS-485 的接口信号电平比 RS-232 降低了，不易损坏接口电路的芯片，且该电平与 TTL 电平兼容，可方便与 TTL 电路连接。

2）RS-485 的数据最高传输速率为 10Mbit/s。其平衡双绞线的长度与传输速率成反比，在 100Kbit/s 速率以下，才可能使用规定最长的电缆长度。只有在很短的距离下才能获得最高传输速率。因为 RS-485 接口组成的半双工网络，一般只需二根连线，所以 RS-485 接口均采用屏蔽双绞线传输。

3）RS-485 接口是采用平衡驱动器和差分接收器的组合，抗共模干扰能力增强，即抗噪声干扰性好，抗干扰性能大大高于 RS-232 接口，因而通信距离远，RS-485 接口的最大传输距离大约为 1200m。

RS-485 协议可以看作是 RS-232 协议的替代标准，与传统的 RS-232 协议相比，其在通信速率、传输距离、多机连接等方面均有了非常大的提高，这也是工业系统中使用 RS-485 总线的主要原因。

RS-485 总线工业应用成熟，而且大量的已有工业设备均提供 RS-485 接口，因而时至今日，RS-485 总线仍在工业应用领域中具有十分重要的地位。

8.1.3 PC 中的串行接口

1. 观察计算机上串口位置和几何特征

在 PC 主机箱后面板上，有各种各样的接口，其中有两个 9 针的接头区，如图 8-5 所示，这就是 RS-232C 串行通信端口。PC 上的串行接口有多个名称：232 口、串口、通信口、COM 口、异步口等。

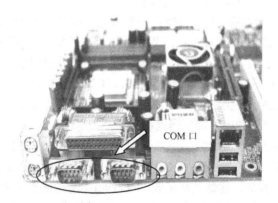

图 8-5 PC 上的串行接口

2. 查看串口设备信息

进入 Windows 操作系统，右击"我的电脑"图标，如图 8-6 所示。在"系统属性"对话框中选择"硬件"项，单击"设备管理器"按钮，出现"设备管理器"对话框。在列表中有端口 COM 和 LPT 设备信息，如图 8-7 所示。

图 8-6 "我的电脑"属性   图 8-7 查看串口设备

右击"通讯端口（COM1）"选项，选择"属性"，进入"通讯端口（COM1）属性"对话框，在这里可以查看端口的低级设置，也可查看其资源。

在"端口设置"选项卡中，可以看到默认的波特率和其他设置，如图 8-8 所示，这些设置可以在这里改变，也可以在应用程序中很方便地修改。

在"资源"选项卡中，可以看到，COM1 口的输入/输出范围（03F8-03FF）和中断请求号（04），如图 8-9 所示。

图 8-8 查看端口设置   图 8-9 查看端口资源

8.1.4 PC 串口通信线路连接

1．近距离通信线路连接

当 2 台 RS-232 串口设备通信距离较近时（<15m），可以用电缆线直接将 2 台设备的 RS-232 端口连接，若通信距离较远（>15m）时，则需附加调制解调器（Modem）。

在 RS-232 的应用中，很少严格按照 RS-232 标准。其主要原因是许多定义的信号在大多数的应用中并没有用上。在许多应用中，例如 Modem，只用了 9 个信号（2 条数据线、6 条控制线、1 条地线）。但在其他一些应用中，可能只需要 5 个信号（2 条数据线、2 条握手线、1 条地线）；还有一些应用，可能只需要数据线，而不需要握手线（即只需要 3 条信号线）。

当通信距离较近时，通信双方不需要 Modem，可以直接连接，这种情况下，只需使用少数几根信号线。最简单的情况是，在通信中根本不需要 RS-232 的控制联络信号，只需 3 根线（发送线、接收线、信号地线）便可实现全双工异步串行通信。

图 8-10a 是两台串口通信设备之间的最简单连接（即三线连接），图中 DTE 甲的 2 号接收脚与 DTE 乙的 3 号发送脚交叉连接是因为在直连方式时，把通信双方都当作数据终端设备看待，双方都可发也可收。在这种方式下，通信双方的任何一方，只要请求发送 RTS 有效和数据终端准备好 DTR 有效就能开始发送和接收。

如果只有一台计算机，而且也没有两个串行通信端口可以使用，那么将第 2 脚与第 3 引脚外部短路，如图 8-10b 所示，那么由第 3 脚的输出信号就会被传送到第 2 脚，从而送到同一串行端口的输入缓冲区，程序只要再由相同的串行端口上做读取的操作，即可将数据读入，一样可以形成一个测试环境。

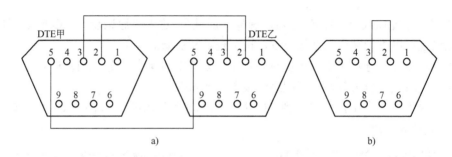

图 8-10　串口设备最简单连接

2. 远距离通信线路连接

一般 PC 采用 RS-232 通信接口，当 PC 与串口设备通信距离较远时，二者不能用电缆直接连接，可采用 RS-485 总线。

当 PC 与多个具有 RS-232 接口的设备远距离通信时，可使用 RS-232/RS-485 通信接口转换器将计算机上的 RS-232 通信口转为 RS-485 通信口，在信号进入设备前再使用 RS-485/RS-232 转换器将 RS-485 通信口转为 RS-232 通信口，再与设备相连，图 8-11 所示为具有 RS-232 接口的 PC 与多个带有 RS-232 通信接口的设备相连。

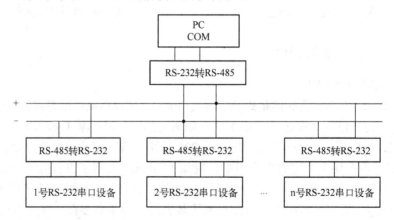

图 8-11　PC 与多个 RS-232 串口设备远距离连接

当 PC 与多个具有 RS-485 接口的设备通信时，由于两端设备接口电气特性不一，不能直接相连，因此，也采用 RS-232/RS-485 通信接口转换器将 RS-232 接口转换为 RS-485 信号电平，再与串口设备相连。图 8-12 所示为具有 RS-232 接口的 PC 与多个带有 RS-485 通信接口的设备相连。

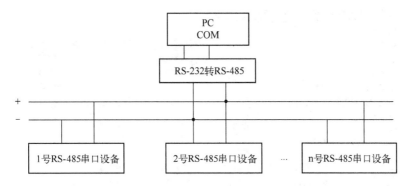

图 8-12　PC 与多个 RS-485 串口设备远距离连接

工业 PC（IPC）一般直接提供 RS-485 接口，与多台具有 RS-485 接口的设备通信时不用转换器可直接相连。图 8-13 所示为具有 RS-485 接口的 IPC 与多个带有 RS-485 通信接口的设备相连。

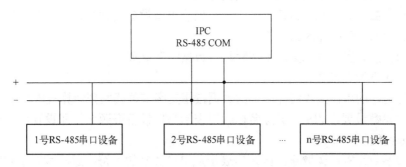

图 8-13　IPC 与多个 RS-485 串口设备远距离连接

RS-485 接口只有两根线要连接，有+、-端（或称 A、B 端）区分，用双绞线将所有串口设备的接口并联在一起即可。

8.2　LabVIEW 中的串口通信

8.2.1　LabVIEW 中的串口通信功能模块

在 LabVIEW 程序框图窗口中函数选板的"仪器 I/O"子选板中的"串口"或者"VISA"子选板块内包含进行串口通信操作的一些功能函数，如图 8-14 所示。

（1）"VISA 配置串口"函数

功能：从指定的仪器中读取信息，对串口进行初始化,可设置串口的波特率、数据位、停止位、校验位、缓存大小及流量控制等参数。

输入端口参数设置：VISA 资源名称端口表示指定要打开的资源，即设置串口号；波特率端口用来设置波特率（默认值为 9600）；数据比特端口用来设置数据位（默认值为 8）；停止位端口用来设置停止位（默认值为 1 位）；奇偶端口用来设置奇偶校验位（默认为 0，即无校验）。

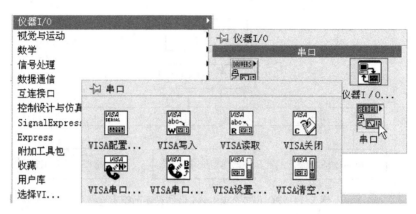

图 8-14　LabVIEW 串口通信功能函数

（2）"VISA 写入"函数

功能：将输出缓冲区中的数据发送到指定的串口。

输入端口参数设置：VISA 资源名称端口表示串口设备资源名，即设置串口号；写入缓冲区端口用于写入串口缓冲区的字符。

输出端口参数设置：返回数表示实际写入数据的字节数。

（3）"VISA 读取"函数

功能：将指定的串口接收缓冲区中的数据按指定字节数读取到计算机内存中。

输入端口参数设置：VISA 资源名称端口表示串口设备资源名；即设置串口号；字节总数端口表示要读取的字节数。

输出端口参数设置：读取缓冲区端口表示从串口读到的字符；返回数表示实际读取数据的字节数。

（4）"VISA 串口字节数"函数

功能：返回指定串口的接收缓冲区中的数据字节数。

输入端口参数设置：reference 端口表示串口设备资源名，即设置串口号。

输出端口参数设置：Number of Bytes at serial port 端口用于存放接收到的数据字节数。

在使用"VISA 读取"函数读串口前，先用"VISA 串口字节数"函数检测当前串口输入缓冲区中已存的字节数，然后由此指定"VISA 读取"函数从串口输入缓冲中读出的字节数，可以保证一次就将串口输入缓冲区中的数据全部读出。

（5）"VISA 关闭"函数

功能：结束与指定的串口资源之间的会话，即关闭串口资源。

输入端口参数设置：VISA 资源名称表示串口设备资源名，即设置串口号。

（6）其他函数

"VISA 串口中断"函数：向指定的串口发送一个暂停信号。

"VISA 设置 I/O 缓冲区大小"函数：设置指定的串口的输入输出缓冲区大小。

"VISA 清空 I/O 缓冲区"函数：清空指定的串口的输入输出缓冲区。

（7）"VISA 资源名称"控件

与串口操作有关的所有函数均要提供串口资源（VISA resource name，VISA 资源名称），该控件位于控件选板中的 I/O 子选板中，如图 8-15 所示。

将该控件添加到前面板中，单击控件右侧的下拉箭头选择串口资源名（即串口号）。

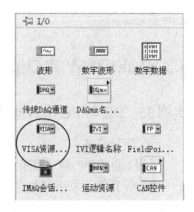

图 8-15　提供串口资源的函数

8.2.2　LabVIEW 串口通信步骤

两台计算机之间的串口通信流程如图 8-16 所示。

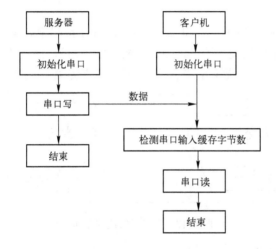

图 8-16　双机串口通信流程图

在 LabVIEW 环境中使用串口与在其他开发环境中开发过程类似，基本的步骤如下。

首先需要调用"VISA 配置串口"函数完成串口参数的设置，包括串口资源分配，设置波特率、数据位、停止位、校验位和流控等。

如果初始化没有问题，就可以使用这个串口进行数据收发。发送数据使用"VISA 写入"函数，接收数据使用"VISA 读取"函数。

在接收数据之前需要使用"VISA 串口字节数"函数查询当前串口接收缓冲区中的数据字节数，如果"VISA 读取"函数要读取的字节数大于缓冲区中的数据字节数，"VISA 读取"操作将一直等待，直至缓冲区中的数据字节数达到要求的字节数。

在某些特殊情况下，需要设置串口接收/发送缓冲区的大小，此时可以使用"VISA 设置 I/O 缓冲区大小"函数；而使用 "VISA 清空 I/O 缓冲区"函数可以清空接收与发送缓冲区。

在串口使用结束后，使用"VISA 关闭"函数结束与"VISA 资源名称"控件指定的串口之间的会话。

8.3 LabVIEW 串口通信实例

实例 35 PC 与 PC 串口通信

一、设计任务

采用 LabVIEW 编写程序实现 PC 之间的串口通信。任务要求：

两台计算机互发字符并自动接收，如一台计算机输入字符串"收到信息请回复！"，单击"发送字符"命令，另一台计算机若收到，就输入字符串"收到了！"，单击"发送字符"命令，信息返回到与它相连的计算机。

这实际上就是编写一个简单的双机聊天程序。

二、硬件线路

（1）线路连接

在实际使用中常使用串口通信线将 2 个串口设备连接起来。串口线的制作方法非常简单：准备 2 个 9 针的串口接线端子（因为计算机上的串口为公头，因此连接线为母头），准备 3 根导线（最好采用 3 芯屏蔽线），按图 8-17 所示将导线焊接到接线端子上。

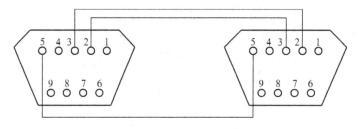

图 8-17 串口通信线的制作

图 8-17 中的 2 号接收脚与 3 号发送脚交叉连接是因为在直连方式时，把通信双方都当作数据终端设备看待，双方都可发也可收。

在计算机通电前，按图 8-18 所示将两台 PC 的 COM1 口用串口线连接起来。

图 8-18 PC 与 PC 串口通信线路

注意：连接串口线时，计算机严禁通电，否则极易烧毁串口。

（2）串口通信调试

在进行串口开发之前，一般要进行串口调试，经常使用的工具是"串口调试助手"程序。它是一个适用于 Windows 平台的串口监视、串口调试程序。它可以在线设置各种通信速率、通信端口等参数，可以发送字符串命令，可以发送文件，可以设置自动发送/手动发送方式，可以十六进制显示接收到的数据等，从而提高串口开发效率。

"串口调试助手"程序（SComAssistant.exe）是串口开发设计人员常用的调试工具，如图 8-19 所示。

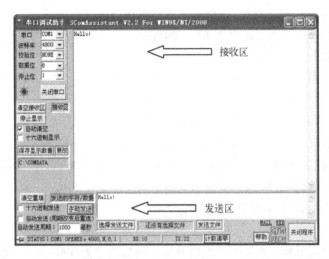

图 8-19 "串口调试助手"程序

在两台计算机中同时运行"串口调试助手"程序，首先串口号选"COM1"、波特率选"4800"、校验位选"NONE"、数据位选"8"、停止位选"1"等（注意：两台计算机设置的参数必须一致），单击"打开串口"按钮。

在发送数据区输入字符，比如"Hello!"，单击"手动发送"按钮，发送区的字符串通过 COM1 口发送出去；如果联网通信的另一台计算机收到字符，则返回字符串，如"Hello!"，如果通信正常该字符串将显示在接收区中。

若选择了"手动发送"，每单击一次可以发送一次；若选中了"自动发送"，则每隔设定的发送周期内发送一次，直到去掉"自动发送"为止。还有一些特殊的字符，如按〈Enter〉键换行，则直接敲入〈Enter〉键即可。

三、任务实现

1. 程序前面板设计

新建 VI。切换到 LabVIEW 的前面板窗口，通过控件选板给程序前面板添加控件。

1）为了输入要发送的字符串，添加 1 个字符串输入控件。将标签名改为"发送区："，将字符输入区放大。

2）为了显示接收到的字符串，添加 1 个字符串显示控件。将标签名改为"接收区"，将字符显示区放大。

3）为了执行发送字符命令，添加 1 个确定按钮控件。将标题改为"发送字符"。

4）为了执行关闭程序命令，添加 1 个停止按钮控件。将标题改为"关闭程序"。

5）为了获得串行端口号，添加 1 个 VISA 资源名称控件：控件→I/O→VISA 资源名称。

设计的程序前面板如图 8-20 所示。

2．程序框图设计

切换到 LabVIEW 的程序框图窗口，调整控件位置，添加节点与连线。

（1）添加节点

1）为了设置通信参数，添加 1 个配置串口函数：函数→仪器 I/O→串口→VISA 配置串口。标签为"VISA Configure Serial Port"。

2）为了设置通信参数值，添加 4 个数值常量。将数值分别设为"9600"（波特率）、"8"（数据位）、"0"（校验位，无）和"1"（停止位，如果不能正常通信，将值设为"10"）。

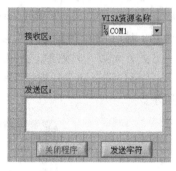

图 8-20　程序前面板

3）为了关闭串口，添加 2 个关闭串口函数：函数→仪器 I/O→串口→VISA 关闭。

4）为了周期性地监测串口接收缓冲区的数据，添加 1 个 While 循环结构。

以下添加的节点放置在 While 循环结构框架中：

5）为了以一定的周期监测串口接收缓冲区的数据，添加 1 个"等待下一个整数倍毫秒"定时函数。

6）为了设置检测周期，添加 1 个数值常量。将数值改为 500（时钟频率值）。

7）为了获得串口缓冲区数据个数，添加 1 个串口字节数函数：函数→仪器 I/O→串口→VISA 串口字节数。标签为"属性节点"。

8）添加 1 个数值常量。将数值改为 0（比较值）。

9）为了判断串口缓冲区是否有数据，添加 1 个"不等于?"比较函数。

只有当串口接收缓冲区的数据个数不等于 0 时，才将数据读入到接收区。

10）添加 2 个条件结构。

条件结构的作用是：发送字符时，需要单击按钮"发送字符"，因此需要判断是否单击了发送按钮；接收数据时，需要判断串口接收缓冲区的数据个数是否不为 0。

11）为了发送数据到串口，在条件结构（上）真选项框架中添加 1 个串口写入函数：函数→仪器 I/O→串口→VISA 写入。

12）为了从串口缓冲区获取返回数据，在条件结构（下）真选项框架中添加 1 个串口读取函数：函数→仪器 I/O→串口→VISA 读取。

13）将字符输入控件图标（标签为"发送区:"）移到条件结构（上）"真"选项框架中；将字符显示控件图标（标签为"接收区:"）移到条件结构（下）"真"选项框架中。

14）分别将确定按钮控件图标（标签为"确定按钮"）、停止按钮控件图标（标签为"停止"）移到循环结构框架中。

添加的所有节点、结构、控件及其布置如图 8-21 所示。

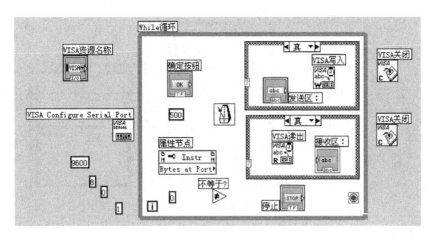

图 8-21 程序框图—节点布置图

（2）节点连线

1）将 VISA 资源名称控件的输出端口分别与串口配置函数、VISA 写入函数、VISA 读取函数的输入端口"VISA 资源名称"相连；将 VISA 资源名称控件的输出端口与串口字节数函数的输入端口"reference（引用）"相连，此时"reference"自动变为"VISA 资源名称"。

2）将数值常量"9600"、"8"、"0"、"1"分别与 VISA 配置串口函数的输入端口"波特率"、"数据比特"、"奇偶"、"停止位"相连。

3）将数值常量"500"与时钟函数的输入端口"毫秒倍数"相连。

4）将"确定按钮"按钮与条件结构（上）的选择端口 ? 相连。

5）将 VISA 串口字节数函数的输出端口"Number of bytes at Serial port"与比较函数"不等于?"的输入端口"x"相连；再与 VISA 读取函数的输入端口"字节总数"相连。

6）将数值常量"0"与比较函数"不等于?"的输入端口"y"相连。

7）将比较函数"不等于?"的输出端口"x != y?"与条件结构（下）的选择端口"?"相连。

8）在条件结构（上）中将字符串输入控件与 VISA 写入函数的输入端口"写入缓冲区"相连。

9）在条件结构（下）中将 VISA 读取函数的输出端口"读取缓冲区"与字符串显示控件相连。

10）在条件结构（上）"真"选项中将 VISA 写入函数的输出端口"VISA 资源名称输出"与 VISA 关闭函数（上）的输入端口"VISA 资源名称"相连。

11）在条件结构（下）"真"选项中将 VISA 读取函数的输出端口"VISA 资源名称输出"与 VISA 关闭函数（下）的输入端口"VISA 资源名称"相连。

12）进入 2 个条件结构的"假"选项，将 VISA 资源名称控件的输出端口与 VISA 关闭函数（上、下）的输入端口"VISA 资源名称"相连。

13）将停止按钮控件与循环结构的条件端口 ◉ 相连。

连线后的程序框图如图 8-22 所示（所有图标的标签已去掉）。

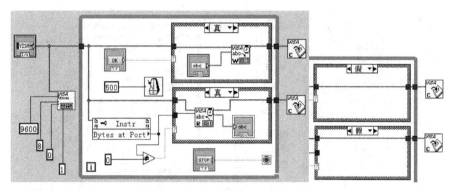

图 8-22　程序框图—节点连线图

3．运行程序

切换到前面板窗口，保存设计好的 VI 程序。通过 VISA 资源名称控件选择串口号，如 COM1。单击快捷工具栏"运行"按钮，运行程序。

注意应使用 2 台计算机同时运行本程序。

在一台计算机程序窗体中发送区输入要发送的字符，比如"收到信息请回复！"，单击"发送字符"按钮，发送区的字符串通过 COM1 口发送出去。

通信连接的另一台计算机程序如收到字符，则返回字符串，如"收到了！"，如果通信正常该字符串将显示在接收区中。

程序运行界面如图 8-23 所示。

图 8-23　程序运行界面

实例 36　智能仪器温度检测

一、应用背景

1．台架试验概述

发动机的各项性能指标、参数及各类特性曲线都是在发动机试验台架上按规定的试验方法进行测定的。汽车发动机出厂前必须通过台架试验之后方能投入使用。

由于传统的内燃机台架试验机试验过程数据记录、数据处理采用人工方式，功能简单，测试效率低，因此，目前多采用计算机数据采集与处理系统。

某型号柴油发动机的主要额定参数如下：发动机功率 280kW，发动机转速 1500r/min，转矩 400N·m，最高燃烧压力 11MPa，冷却水温度 75～80℃，进气温度 50～70℃，排气温度 80～200℃，机油温度 85～90℃，燃油消耗 210g/kW·h，机油消耗 1g/kW·h。

2．台架试验自动检测系统

为了测量上述参数，采用了柴油机台架试验自动检测系统，其结构框图如图 8-24 所示

整个检测系统由 3 个部分组成。第一部分是传感器和一次仪表，其功能是把发动机的性能参数通过传感器转换为相应的电信号；第二部分是信号调理模块和信号输入装置，主要功能是对信号进行采样、放大、A/D 转换，并把采集到的数据以一定格式传送给计算机；第三部分为计算机处理系统，其功能是实现数据的采集、处理、显示、存储以及图表打印等，比如显示柴油机的转速、进气温度等参数，获得柴油机的负荷特性、速度特性、功率特性等。

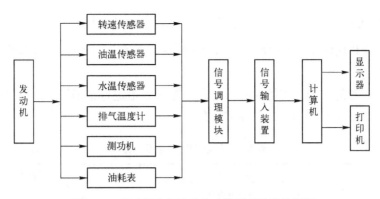

图 8-24 柴油机台架试验自动检测系统结构框图

某发动机台架试验计算机自动检测与信息处理系统如图 8-25 所示。

图 8-25 某发动机台架试验计算机自动检测与信息处理系统

下面通过实验，采用智能仪表作为温度信号采集和输入装置，使用 LabVIEW 编写 PC 端虚拟仪器程序实现温度的采集和处理。

二、实验线路

1. 线路连接

查看智能仪表的串口及其连接线。

一般 PC 采用 RS-232 通信接口，若智能仪表具有 RS-232 接口，当通信距离较近且是一对一通信时，二者可直接使用电缆连接。

仪表通电前，通过三线制串口通信线将 PC 与智能仪表连接起来：智能仪表的 14 端子（RXD）与 PC 串口 COM1 的 3 脚（TXD）相连；智能仪表的 15 端子（TXD）与 PC 串口 COM1 的 2 脚（RXD）相连；智能仪表的 16 端子（GND）与 PC 串口 COM1 的 5 脚（GND）相连，如图 8-26 所示。

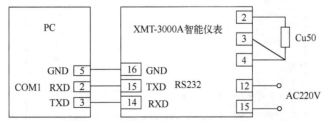

图 8-26 PC 与 XMT-3000A 智能仪表组成的温度检测实验线路

再将热电阻传感器 Cu50 与 XMT-3000A 智能仪表连接。

本设计所用 XMT-3000A 型智能仪表需配置 RS-232 通信模块。

特别注意： 连接传感器、串口线时，仪表与计算机严禁通电，否则极易烧毁串口。

2．参数设置

XMT-3000A 智能仪表在使用前应对其输入/输出参数进行正确设置，设置好的仪表才能投入正常使用。按表 8-2 设置仪表的主要参数。

表 8-2　仪表的主要参数设置

参　数	参数含义	设置值
HiAL	上限绝对值报警值	30
LoAL	下限绝对值报警值	20
Sn	输入规格	传感器为：Cu50，则 Sn=20
diP	小数点位置	要求显示一位小数，则 diP=1
ALP	仪表功能定义	ALP=10
Addr	通信地址	1
bAud	通信波特率	4800

3．温度测量与控制

1）正确设置仪器参数后，仪器 PV 窗显示当前温度测量值；

2）给传感器升温，当温度测量值大于上限报警值 30℃时，上限指示灯亮，仪器 SV 窗显示上限报警信息；

3）给传感器降温，当温度测量值小于上限报警值 30℃，大于下限报警值 20℃时，上限指示灯和下限指示灯均灭；

4）给传感器继续降温，当温度测量值小于下限报警值 20℃时，下限指示灯亮，仪器 SV 窗显示下限报警信息。

4．串口通信调试

PC 与智能仪表系统连接并设置参数后，可进行串口通信调试。

运行"串口调试助手"程序，首先设置串口号"COM1"、波特率"4800"、校验位"NONE"、数据位"8"、停止位"2"等参数（注意：设置的参数必须与智能仪表设置的一致），选择十六进制显示和十六进制发送方式，打开串口，如图 8-27 所示。

图 8-27　串口调试助手

在"发送的字符/数据"文本框中输入读指令"81 81 52 0C"（81 81 表示仪表的地址 1，52 表示从仪表读数据，0C 表示参数代号），单击"手动发送"按钮，则 PC 向仪器发送一条指令，仪器返回一串数据，如"3F 01 14 00 00 01 01 00"，该串数据在返回信息框内显示（瞬时温度不同，返回数据不同）。

根据仪器返回数据，可知仪器的当前温度测量值为"01 3F"（十六进制，低位字节在前，高位字节在后），十进制为"31.9"℃。

5. 数制转换

可以使用"计算器"实现数制转换。打开 Windows 附件中"计算器"程序，在"查看"菜单下选择"科学型"。

选择"十六进制"，输入仪器当前温度测量值：01 3F（十六进制，0 在最前面不显示），如图 8-28 所示。

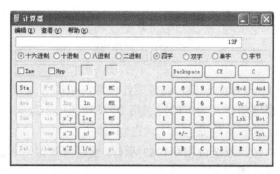

图 8-28　在"计算器"中输入十六进制数

单击"十进制"选项，则十六进制数"013F"转换为十进制数"319"，如图 8-29 所示。仪器的当前温度测量值为：31.9 ℃（十进制）。

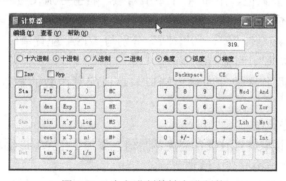

图 8-29　十六进制数转十进制数

三、设计任务

采用 LabVIEW 语言编写应用程序实现 PC 与智能仪器温度检测。任务要求：

1）PC 机自动连续读取并显示智能仪器温度测量值（十进制）；

2）在 PC 程序画面绘制温度实时变化曲线。

四、任务实现

1. 程序前面板设计

新建 VI。切换到 LabVIEW 的前面板窗口，通过控件选板给程序前面板添加控件。

1）为了以数字形式显示测量温度值，添加 1 个数值显示控件。将标签改为"测量值"。

2）为了以指针形式显示测量温度值，添加 1 个仪表控件。将标签改为"仪表"。

3）为了显示测量温度实时变化曲线，添加 1 个波形图表控件。将标签改为"实时曲线"。

4）为了获得串行端口号，添加 1 个串口资源检测控件：控件→I/O→VISA 资源名称。

5）为了执行关闭程序命令，添加 1 个停止按钮控件。标题为"STOP"。

设计的程序前面板如图 8-30 所示。

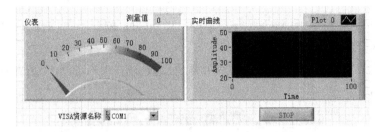

图 8-30　程序前面板

2．程序框图设计

切换到 LabVIEW 的程序框图窗口，调整控件位置，添加节点与连线。

程序设计思路：读温度值时，向串口发送指令"81、81、52、0C"（十六进制），智能仪表向串口返回包含测量温度值的数据包（十六进制）。

主要解决 3 个问题：如何发送读指令？如何读取返回值？如何从返回值中提取温度值？

（1）串口初始化程序框图

1）为了设置通信参数，添加 1 个串口配置函数：函数→仪器 I/O→串口→VISA 配置串口。

2）为了设置通信参数值，添加 4 个数值常量。将值分别设为"4800"（波特率）、"8"（数据位）、"0"（校验位，无）和"2"（停止位，如果不能正常通信，将值设为"20"）。

3）将数值常量"4800"、"8"、"0"、"2"分别与 VISA 配置串口函数的输入端口"波特率"、"数据比特"、"奇偶"、"停止位"相连。

4）将 VISA 资源名称控件的输出端口与串口配置函数的输入端口"VISA 资源名称"相连。

（2）发送指令程序框图

1）为了周期性地读取智能仪器的温度测量值，添加 1 个 While 循环结构。

以下在 While 循环结构框架中添加节点并连线。

2）为了以一定的周期读取智能仪器的温度测量数据，添加 1 个"等待下一个整数倍毫秒"定时函数。

3）添加 1 个数值常量，将值改为"300"（时钟频率值）。

4）将数值常量"300"与等待下一个整数倍毫秒函数的输入端口"毫秒倍数"相连。

5）为了停止程序时，关闭串口，添加 1 个条件结构。

6）为了关闭串口，在条件结构的"真"选项中，添加 1 个关闭串口函数：函数→仪器 I/O→串口→VISA 关闭。

7）将停止按钮控件图标移到 While 循环结构框架中。

8）将停止按钮与循环结构的条件端口 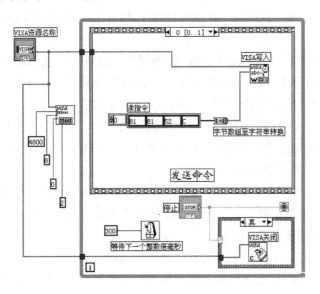 相连；再将停止按钮与条件结构的选择端口"?"相连。

9）将 VISA 资源名称控件的输出端口与 VISA 关闭函数的输入端口"VISA 资源名称"相连。

10）添加 1 个平铺式顺序结构，右击结构边框，弹出快捷菜单，选择"替换为层叠式顺序"。将顺序结构框架设置为 2 个（0-1）。设置方法：右击顺序式结构上边框，弹出快捷菜单，选择"在后面添加帧"，执行 1 次。

以下在顺序结构框架 0 中添加节点并连线。

11）为了发送指令，添加 1 个串口写入函数：函数→仪器 I/O→串口→VISA 写入。

12）为了输入读指令，添加数组常量，标签为"读指令"。

再往数组常量数据区添加数值常量，设置为 4 列，将其数据格式设置为十六进制，方法为：右击数组框架中的数值常量，弹出快捷菜单，选择"格式与精度"（或"显示格式"）菜单项，出现"数值常量属性"对话框，在"格式与精度"（或"显示格式"）选项卡中选择十六进制，单击"确定"按钮。

将 4 个数值常量的值分别改为 81、81、52、0C（表示读 1 号表测量值）。

13）添加 1 个字节数组转字符串函数：函数→字符串→字符串/数组/路径转换→字节数组至字符串转换。

14）将 VISA 资源名称控件的输出端口与 VISA 写入函数的输入端口"VISA 资源名称"相连。

15）将数组常量（标签为"读指令"）的输出端口与字节数组至字符串转换函数的输入端口"无符号字节数组"相连。

16）将字节数组至字符串转换函数的输出端口"字符串"与 VISA 写入函数的输入端口"写入缓冲区"相连。

连接好的程序框图如图 8-31 所示。

图 8-31 发送读指令程序框图

（3）接收数据程序框图

以下在顺序结构框架 1 中添加节点并连线。

1）为了获得串口缓冲区数据个数，添加 1 个串口字节数函数：函数→仪器 I/O→串口→VISA 串口字节数，标签为"属性节点"。

2）将 VISA 资源名称控件的输出端口与串口字节数函数的输入端口"reference（引用）"相连，此时"reference"自动变为"VISA 资源名称"。

3）为了从串口缓冲区获取返回数据，添加 1 个串口读取函数：函数→仪器 I/O→串口→VISA 读取。

4）将 VISA 资源名称控件的输出端口与 VISA 读取函数的输入端口"VISA 资源名称"相连。

5）添加 1 个字符串转字节数组函数：函数→字符串→字符串/数组/路径转换→字符串至字节数组转换。

6）添加 2 个索引数组函数。

7）添加 1 个"加"函数；添加 2 个"乘"函数。

8）添加 4 个数值常量，值分别设为"0"、"1"、"256"和"0.1"。

9）分别将数值显示控件图标（标签为"测量值"）、仪表控件图标（标签为"仪表"）、波形图表控件图标（标签为"实时曲线"）移到顺序结构的框架 1 中。

10）将"串口字节数"函数的输出端口"Number of bytes at Serial port"与 VISA 读取函数的输入端口"字节总数"相连。

11）将 VISA 读取函数的输出端口"读取缓冲区"与"字符串至字节数组转换"函数的输入端口"字符串"相连。

12）将"字符串至字节数组转换"函数的输出端口"无符号字节数组"分别与索引数组函数（上）和索引数组函数（下）的输入端口"数组"相连。

13）将数值常量"0"、"1"分别与索引数组函数（上）和索引数组函数（下）的输入端口"索引"相连。

14）将索引数组函数（上）的输出端口"元素"与加函数的输入端口"x"相连。

15）将索引数组函数（下）的输出端口"元素"与乘函数（下）的输入端口"x"相连；将数值常量"256"与乘函数（下）的输入端口"y"相连。

16）将乘函数（下）的输出端口"x*y"与加函数的输入端口"y"相连。

17）将加函数的输出端口"x+y"与乘函数（上）的输入端口"x"相连；将数值常量"0.1"与乘函数（上）的输入端口"y"相连。

18）将乘函数（上）的输出端口"x*y"分别与数值显示控件（标签为"测量值"）、仪表控件（标签为"仪表"）、波形图表控件（标签为"实时曲线"）的输入端口相连。

连接好的程序框图如图 8-32 所示。

3. 运行程序

切换到前面板窗口，通过 VISA 资源名称控件选择串口号，如 COM1。单击快捷工具栏"运行"按钮，运行程序。

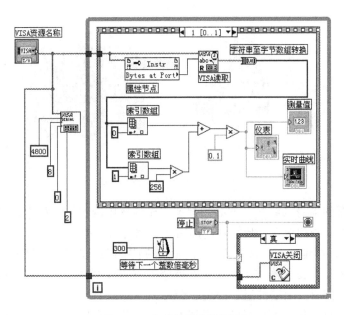

图 8-32　接收数据程序框图

给传感器升温或降温，程序运行界面中显示测量温度值及实时变化曲线，如图 8-33 所示。观察画面显示的温度值与智能仪表显示的温度值是否一致。

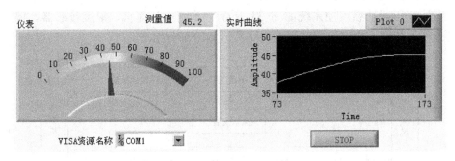

图 8-33　程序运行界面

实例 37　远程 I/O 模块温度测控

一、应用背景

1. 变压器概述

变压器是利用电磁感应原理来改变交流电压的装置。变压器由铁心（或磁心）和线圈组成，它可以变换交流电压、电流和阻抗。

变压器的分类方法很多，按冷却方式分，变压器可分为干式变压器和油浸式变压器。干式变压器依靠空气对流进行自然冷却或增加风机冷却，多用于高层建筑、高速收费站点用电及局部照明、电子线路等小容量变压器。油浸式变压器依靠油作冷却介质、如油浸自冷、油浸风冷、油浸水冷、强迫油循环等，主要用于配电等大容量变压器。

油浸式变压器产品如图 8-34 所示。

图 8-34　油浸式变压器产品图

油浸式变压器的器身（线圈及铁心）都装在充满变压器油的油箱中。油浸式电力变压器在运行中，线圈和铁心的热量先传给油，然后通过油传给冷却介质。

国家标准规定：强迫油循环风冷变压器的上层油温不得超过 75℃，最高不得超过 85℃；油浸自冷式、油浸风冷式变压器的上层油温不得超过 85℃，最高不得超过 95℃；油浸风冷变压器在风扇停止工作时，上层油温不得超过 55℃。

如果油温超过规定值，可能导致变压器严重超负荷、电压过低、电流过大、内部发生故障等，继续运行会严重损坏绝缘材料，缩短使用寿命或烧毁变压器，因此必须对变压器油温进行监测与控制，以保证变压器的正常运行和使用安全。

2. 变压器油温监控系统

某发电厂变压器油温监控系统如 8-35 所示。系统由计算机、温度传感器、调理电路、显示仪表、输入装置、输出装置、驱动电路和风扇等部分组成。

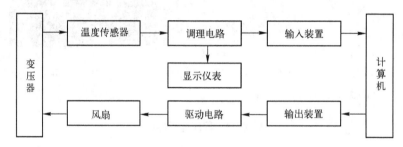

图 8-35　变压器油温监控系统结构框图

温度传感器检测变压器上层油温，通过调理电路转换为模拟电压信号，一方面送入现场显示仪表显示油温，供现场观察，另一方面经输入装置传送给监控中心计算机显示、处理、记录，计算机根据输入值与设定值进行比较判断。当超过规定上限温度值时，计算机经输出装置发出开关控制信号，驱动风扇转动降低油温。

调理电路可采用温度变送器，将温度变化转换为 1～5V 标准电压值；输入、输出装置可采用 PLC 或远程 I/O 模块，如果距离较近，也可采用数据采集卡。

变压器油温监控系统是一个典型的闭环控制系统。

下面通过实验，采用远程 I/O 模块作为模拟量输入和开关（数字）量输出装置，使用 LabVIEW 编写 PC 端虚拟仪器程序实现模拟量输入检测和开关量输出控制。

二、实验线路

1. 线路连接

PC 与 ADAM4012、ADAM4050 远程 I/O 模块组成的温度测控实验线路如图 8-36 所示。

图 8-36 中，ADAM-4520 串口与 PC 的串口 COM1 连接，并转换为 RS-485 总线；ADAM-4012 的 DATA+和 DATA-分别与 ADAM-4520 的 DATA+和 DATA-连接；ADAM-4050 的 DATA+和 DATA-分别与 ADAM-4520 的 DATA+和 DATA-连接。模块电源端子 +Vs、GND 分别与 DC24V 电源的+、–连接。

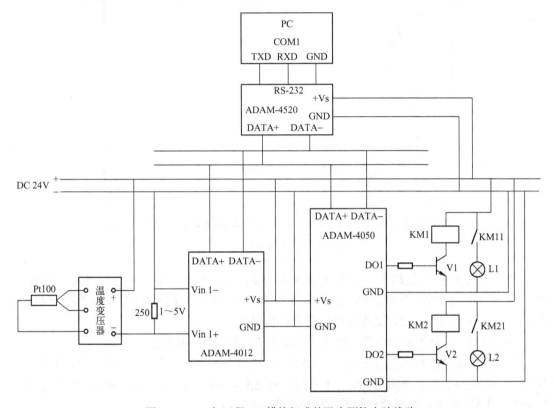

图 8-36 PC 与远程 I/O 模块组成的温度测控实验线路

温度传感器 Pt100 热电阻检测温度变化，通过温度变送器（测量范围 0～200℃）转换为 4～20mA 电流信号，经过 250Ω 电阻转换为 1～5V 电压信号送入 ADAM-4012 模块的模拟量输入通道 Vin。温度与电压的数学关系是：温度=（电压-1）*50。

当检测温度大于等于计算机程序设定的上限值，计算机输出控制信号，使 ADAM-4050 模块数字量输出 1 通道 DO1 引脚置高电平，晶体管 V1 导通，继电器 KM1 常开开关 KM11 闭合，指示灯 L1 亮。

当检测温度小于等于计算机程序设定的下限值，计算机输出控制信号，使 ADAM-4050 模块数字量输出 2 通道 DO2 引脚置高电平，晶体管 V2 导通，继电器 KM2 常开开关 KM21 闭合，指示灯 L2 亮。

在进行 LabVIEW 编程之前，必须安装 ADAM4000 系列远程 I/O 模块驱动程序，并将

ADAM-4012 的地址设为 01，将 ADAM-4050 的地址设为 02。

2．串口通信调试

PC 与远程 I/O 模块 ADAM-4012 和 ADAM-4050 连接并设置参数后，可进行串口通信调试。

运行"串口调试助手"程序，首先设置串口号 COM1、波特率 9600、校验位 NONE、数据位 8、停止位 1 等参数，打开串口，如图 8-37 所示。

图 8-37　串口通信调试

在"发送的字符/数据"文本框中输入读指令："#01+回车键"（即输入#01 后按回车建），单击"手动发送"按钮，则 PC 向模块发送一条指令，ADAM-4012 模块返回一串文本数据，如">+01.527"，该串数据在返回信息框内显示。

返回数据中，从第 4 个字符开始取 5 位即 1.527 就是输入电压值。

因为温度变送器的测温范围是 0～200℃，输出 4～20mA 电流信号，经过 250Ω 电阻转换为 1～5V 电压信号，则温度 t 与电压 u 的换算关系为 $t=(u-1)\times50$，这样串口调试助手得到的电压值 1.527 就表示传感器检测的温度值为 26.35℃。

三、设计任务

采用 LabVIEW 语言编写应用程序实现 PC 与远程 I/O 模块温度测控。

任务要求：自动连续读取并显示检测温度值（十进制）；绘制温度实时变化曲线；当测量温度大于设定值时，线路中指示灯亮。

四、任务实现

1．程序前面板设计

新建 VI。切换到 LabVIEW 的前面板窗口，通过控件选板给程序前面板添加控件。

1）为了以数字形式显示测量温度值，添加 1 个数值显示控件。将标签改为"温度值："。

2）为了以指针形式显示测量电压值，添加 1 个仪表控件。将标签改为"温度表"。

3）为了显示测量温度实时变化曲线，添加 1 个波形图表控件。将标签改为"温度曲线"。

4）为了显示温度超限状态，添加 1 个圆形指示灯控件。将标签分别改为"指示灯"。

5）为了实现串口通信，添加 1 个串口资源检测控件：控件→I/O→VISA 资源名称。

6）为了执行关闭程序命令，添加 1 个停止按钮控件。标题为"STOP"。

设计的程序前面板如图 8-38 所示。

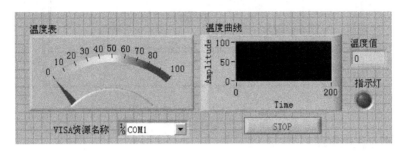

图 8-38　程序前面板

2．程序框图设计

切换到 LabVIEW 的程序框图窗口，调整控件位置，添加节点与连线。

程序设计思路：读温度值时，向串口发送指令"#01+回车键"，ADAM-4012 模块向串口返回反映温度大小的电压值（字符串形式），然后将电压值转换为温度值；超温时，向串口发送指令"#021101+回车键"，即置 ADAM-4050 模块 1 通道高电平。

程序设计中要解决 2 个问题：如何发送读指令？如何读取电压值并转换为数值形式？

（1）串口初始化程序框图

1）添加 1 个 While 循环结构。

2）将 VISA 资源名称控件、停止按钮控件的图标移到 While 循环结构的框架中。

3）将停止按钮图标与循环结构的条件端口◉相连。

4）在 While 循环结构中添加 1 个平铺式顺序结构，右击结构边框，在弹出的快捷菜单中选择"替换为层叠式顺序"。

将顺序结构框架设置为 5 个（0～4）。设置方法：右击顺序式结构上边框，弹出快捷菜单，选择"在后面添加帧"，执行 4 次。

以下在顺序结构框架 0 中添加节点并连线。

5）为了设置通信参数，添加 1 个串口配置函数：函数→仪器 I/O→串口→VISA 配置串口，标签为"VISA Configure Serial Port"。

6）为了设置通信参数值，添加 4 个数值常量。将值分别设为"9600"（波特率）、"8"（数据位）、"0"（校验位，无）和"1"（停止位，如果不能正常通信，将值设为 10）。

7）将数值常量"9600"、"8"、"0"、"1"分别与 VISA 配置串口函数的输入端口"波特率"、"数据比特"、"奇偶"、"停止位"相连。

8）将 VISA 资源名称控件的输出端口与串口配置函数的输入端口"VISA 资源名称"相连。

串口初始化程序框图如图 8-39 所示。

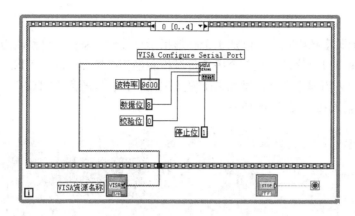

图 8-39　串口初始化程序框图

（2）发送指令程序框图

以下在顺序结构框架 1 中添加节点并连线。

1）添加 1 个字符串常量。将值设为"#01"，标签为"读 01 号模块 1 通道电压指令"。

2）添加 1 个回车键常量：函数→字符串→回车键常量。

3）添加 1 个连接字符串函数。用于将读指令和回车键常量连接后送给串口写入函数。

4）为了发送指令到串口，添加 1 个串口写入函数：函数→仪器 I/O→串口→VISA 写入。

5）将字符串常量"#01"与连接字符串函数的输入端口"字符串"相连。

6）将回车键常量与连接字符串函数的第 2 个输入端口"字符串"相连。

7）将连接字符串函数的输出端口"连接字符串"与 VISA 写入函数的输入端口"写入缓冲区"相连。

8）将 VISA 资源名称控件的输出端口与 VISA 写入函数的输入端口"VISA 资源名称"相连。

读指令程序框图如图 8-40 所示。

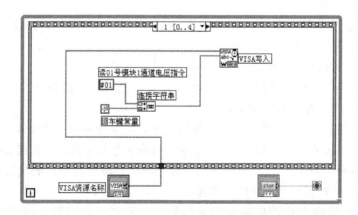

图 8-40　读指令程序框图

（3）延时程序框图

在顺序结构框架 2 中添加 1 个时间延迟函数。延迟时间采用默认值，如图 8-41 所示。

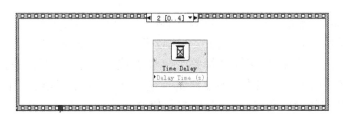

图 8-41   延时程序框图

（4）接收数据程序框图

以下在顺序结构框架 3 中添加节点并连线。

1）添加 1 个串口字节数函数：函数→仪器 I/O→串口→VISA 串口字节数，标签为"属性节点"。

2）为了从串口缓冲区获取返回数据，添加 1 个串口读取函数：函数→仪器 I/O→串口→VISA 读取。

3）添加 1 个"截取字符串"（又称为部分字符串）函数。

4）添加 1 个字符串转换函数：函数→字符串→字符串/数值转换→分数/指数字符串至数值转换。

5）添加 1 个公式节点。用鼠标在程序框图中拖动，画出公式节点的图框。

添加公式节点的输入端口：右击公式节点左边框，从弹出菜单中选择"添加输入"，然后在出现的端口图标中输入变量名称，如"x"，就完成了一个输入端口的创建。

添加公式节点的输出端口：右击公式节点右边框，从弹出菜单中选择"添加输出"，然后在出现的端口图标中输入变量名称，如"y"，就完成了一个输出端口的创建。

按照 C 语言的语法规则在公式节点的框架中输入公式"y=(x-1)*50;"。该公式的作用是将检测的电压值转换为温度值。

6）添加 1 个"大于等于?"比较函数。

7）添加 3 个数值常量。将值分别设为"3"、"6"和"30"。

8）将 VISA 资源名称控件的输出端口与串口字节数函数的输入端口"reference（引用）"相连，此时"reference"自动变为"VISA 资源名称"。

9）将串口字节数函数的输出端口"VISA 资源名称"（或"引用输出"）与 VISA 读取函数的输入端口"VISA 资源名称"相连。

10）将串口字节数函数的输出端口"Number of bytes at Serial port"与 VISA 读取函数的输入端口"字节总数"相连。

11）将 VISA 读取函数的输出端口"读取缓冲区"与截取字符串函数的输入端口"字符串"相连。

12）将数值常量"3"与截取字符串函数的输入端口"偏移量"相连。

13）将数值常量"6"与截取字符串函数的输入端口"长度"相连。

14）将截取字符串函数的输出端口"子字符串"（电压值的字符串形式）与分数/指数字符串至数值转换函数的输入端口"字符串"相连。

15）将分数/指数字符串至数值转换函数的输出端口"数字"（电压值的数值形式）与公式节点输入端口"x"相连。通过公式计算将电压值转换为温度值输出。

16）将公式节点的输出端口"y"与比较函数（大于等于?)的输入端口"x"相连。

17）将数值常量"30"（上限温度值）与比较函数（大于等于?)的输入端口"y"相连。

18）分别将数值显示控件图标（标签为"温度值"）、仪表控件图标（标签为"温度表"）、波形图表控件图标（标签为"温度曲线"）移到顺序结构的框架 3 中。

19）将公式节点的输出端口"y"分别与数值显示控件、仪表控件、波形图表控件的输入端口相连。

20）添加 1 个条件结构。

21）将比较函数（大于等于?）的输出端口"x>=y?"与条件结构的选择端口"?"相连。

接收数据程序框图如图 8-42 所示。

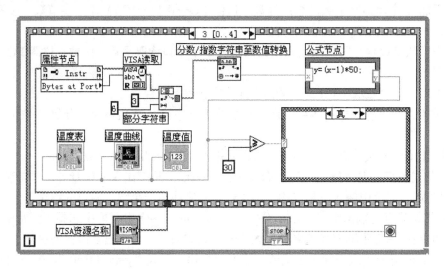

图 8-42　接收数据程序框图

（5）报警控制程序框图 1

以下节点的添加与连线在条件结构的"真"选项中进行。

1）为了发送指令，添加 1 个串口写入函数：函数→仪器 I/O→串口→VISA 写入。

2）添加 1 个字符串常量。将值设为"#021101"（将 ADAM-4050 模块的数字量输出 1 通道置为高电平）。

3）添加 1 个回车键常量：函数→字符串→回车键常量。

4）添加 1 个"连接字符串"函数。用于将读指令和回车键常量连接后送给写串口函数。

5）添加 1 个布尔真常量。

6）将指示灯控件图标移到条件结构的"真"选项框架中。

7）将字符串常量"#021101"与连接字符串函数的输入端口"字符串"相连。

8）将回车键常量与连接字符串函数的第 2 个输入端口"字符串"相连。

9）将连接字符串函数的输出端口"连接的字符串"与 VISA 写入函数的输入端口"写入缓冲区"相连。

10）将真常量与指示灯控件相连。

11）将 VISA 资源名称控件的输出端口与 VISA 写入函数的输入端口"VISA 资源名称"相连。

报警控制程序框图 1 如图 8-43 所示。

（6）报警控制程序框图 2

以下节点的添加与连线在条件结构的"假"选项中进行。

1）为了发送指令，添加 1 个串口写入函数：函数→仪器 I/O→串口→VISA 写入。

2）添加 1 个字符串常量。将值设为"#021100"（将 ADAM-4050 模块的数字量输出 1 通道置为低电平）。

3）添加 1 个回车键常量：函数→字符串→回车键常量。

4）添加 1 个"连接字符串"函数。用于将读指令和回车键常量连接后送给写串口函数。

5）添加 1 个布尔假常量。

6）添加 1 个局部变量。右击局部变量图标，在弹出的快捷菜单"选择项"里，为局部变量选择对象"指示灯"。

7）将字符串常量"#021100"与连接字符串函数的输入端口"字符串"相连。

8）将回车键常量与连接字符串函数的第 2 个输入端口"字符串"相连。

9）将连接字符串函数的输出端口"连接的字符串"与 VISA 写入函数的输入端口"写入缓冲区"相连。

10）将假常量与"指示灯"控件的局部变量相连。

11）将 VISA 资源名称控件的输出端口与 VISA 写入函数的输入端口"VISA 资源名称"相连。

报警控制程序框图 2 如图 8-44 所示。

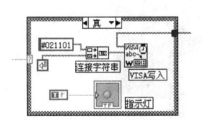

图 8-43　报警控制程序框图 1

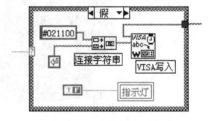

图 8-44　报警控制程序框图 2

（7）延时程序框图

在顺序结构框架 4 中添加 1 个"时间延迟"定时函数，延迟时间采用默认值。

3．运行程序

切换到前面板窗口，通过 VISA 资源名称控件选择串口号，如 COM1。单击快捷工具栏"运行"按钮，运行程序。

给传感器升温或降温，PC 读取并显示 ADAM-4012 模块检测的温度值，绘制温度变化曲线。当测量温度大于等于设定的温度值 30℃时，程序画面指示灯改变颜色，同时线路中 ADAM-4050 模块数字量输出 1 通道置高电平，指示灯 L1 亮。

程序运行界面如图 8-45 所示。

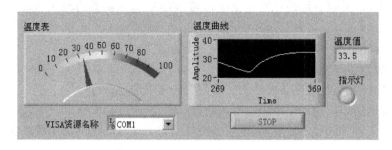

图 8-45　程序运行界面

实例 38　三菱 PLC 温度测控

一、应用背景

1. 锅炉概述

锅炉是一种能量转换设备，向锅炉输入的能量有燃料中的化学能、电能、高温烟气的热能等形式，这些能量经过锅炉转换向外输出具有一定热能的蒸汽或高温水。

图 8-46 所示是某锅炉产品图。

图 8-46　某锅炉产品图

锅炉中产生的热水或蒸汽可直接为工业生产和人民生活提供所需热能，也可通过蒸汽动力装置转换为机械能，或再通过发电机将机械能转换为电能，多用于火力发电厂、船舶、机车和工矿企业。

锅炉是一种能量转换的特种设备，由于它需要承受很高的压力、温度，常常会因为设计、制造、安装等不合理因素或者在使用管理不当的情况下造成事故。发生的事故往往后果严重，类似爆炸等，会造成严重的人身伤亡。为了预防这些锅炉事故，必须从锅炉的设计、制造、安装、使用、维修、保养等环节着手严格按照规章制度和标准进行。

2. 锅炉监控系统

锅炉是发电厂的主要生产设备，锅炉监控的任务是保证供给汽轮机及其他设备的蒸汽参数值（压力、温度等）符合一定的要求，维持汽包水位在允许的范围内，维持一定的炉膛负压，使设备安全经济运行。

锅炉是一个复杂的系统，有多个被调量和相应的调节变量。与上述调节任务有关的被调量主要是主蒸汽压力、主蒸汽温度、汽包水位、过剩空气系数和炉膛负压等。相应的调节变量有燃料量、减温水流量、给水流量、送风量和吸风量等。

这些被调量之间是相互关联的，改变其中一个调节变量会同时影响另外几个被调量。理想的锅炉自动调节系统应当是在受到某种扰动作用后能同时协调控制有关的调节机构，改变有关的调节变量，使所有被调量都保持在规定的范围内，使生产工况迅速恢复稳定。

通常锅炉主要有以下三个调节系统：

1）给水自动调节系统。汽包水位为被调量，给水流量为调节变量。

2）过热蒸汽温度自动调节系统。过热蒸汽温度为被调量，减温水流量为调节变量。

3）燃烧过程自动调节系统。它有三个被调量：主蒸汽压力、过剩空气系数和炉膛负压，相应的调节变量为燃料量、送风量和吸风量。

上述三个调节系统可以由计算机实现集中监控，其主要结构如图 8-47 所示。

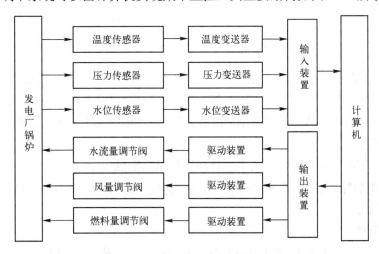

图 8-47　锅炉监控系统结构框图

温度传感器检测过热蒸汽温度，压力传感器检测主蒸汽压力和炉膛负压，水位传感器检测汽包水位，这些参数经温度变送器、压力变送器和水位变送器转换为电压信号（1~5V），然后通过输入装置送入计算机。输入装置可采用数据采集卡、远程 I/O 模块或 PLC。

计算机程序采集反映过热蒸汽温度、主蒸汽压力、炉膛负压和汽包水位等参数的电压信号，经分析、处理、判断，可显示测量值，绘制变化曲线，生成数据报表；当超过设定值时发出声光报警信号，生成报警信息列表等。

同时计算机根据需要发出控制指令，通过输出装置转换为可以推动水流量调节阀、风量调节阀和燃料量调节阀动作的电流信号（4~20mA）；通过改变调节阀的阀门开度大小即可改变进入锅炉的水流量、送风量和燃油量的大小，从而达到控制锅炉温度、压力的目的。

下面通过实验，采用三菱 PLC 与模拟量扩展模块作为模拟量输入和开关（数字）量输出装置，使用 LabVIEW 编写 PC 端虚拟仪器程序实现温度检测和报警控制。

二、实验线路

PC 与三菱 FX$_{2N}$ PLC 及 FX$_{2N}$-4AD 模拟量输入模块构成的温度测控实验线路，如图 8-48 所示。

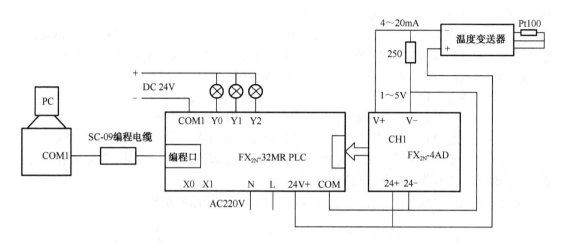

图 8-48　PC 与三菱 PLC 及模拟量输入模块构成的温度测控实验线路

图 8-48 中，将 PC 与三菱 FX$_{2N}$-32MR PLC 通过 SC-09 编程电缆连接起来，输出端口 Y0、Y1、Y2 接指示灯，温度传感器 Pt100 接到温度变送器输入端，温度变送器输入范围是 0～200℃，输出 4～200mA，经过 250Ω电阻将电流信号转换为 1～5V 电压信号输入到 FX$_{2N}$-4AD 的输入端口 V+和 V−。

FX$_{2N}$-4AD 空闲的输入端口一定要用导线短接以免干扰信号窜入。

PLC 的模拟量输入模块（FX$_{2N}$-4AD）负责 A/D 转换，即将模拟量信号转换为 PLC 可以识别的数字量信号。

三、设计任务

PLC 与 PC 通信，在程序设计上涉及两部分的内容：一是 PLC 端数据采集、控制和通信程序；二是 PC 端通信和功能程序。

（1）PLC 端（下位机）程序设计：检测温度值。当测量温度小于 30℃时，Y0 端口置位，当测量温度大于等于 30℃且小于等于 50℃时，Y0 和 Y1 端口复位，当测量温度大于 50℃时，Y1 端口置位。

（2）PC 端（上位机）程序设计：采用 LabVIEW 语言编写应用程序，读取并显示三菱 PLC 检测的温度值，绘制温度变化曲线。当测量温度小于 30℃时，下限指示灯为红色，当测量温度大于等于 30℃且小于等于 50℃时，上、下限指示灯均为绿色，当测量温度大于 50℃时，上限指示灯为红色。

四、任务实现

（一）三菱 PLC 端温度测控程序

1. PLC 梯形图

三菱 FX$_{2N}$-32MR 型 PLC 使用 FX$_{2N}$-4AD 模拟量输入模块实现模拟电压采集。采用

SWOPC-FXGP/WIN-C 编程软件编写的 PLC 程序梯形图如图 8-49 所示。

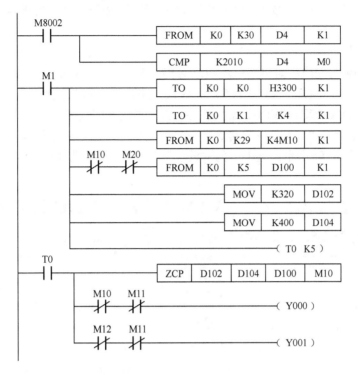

图 8-49　PLC 程序梯形图

　　程序的主要功能是：实现三菱 FX$_{2N}$-32MR PLC 温度采集，当测量温度小于 30℃时，Y0 端口置位，当测量温度大于等于 30℃而小于等于 50℃时，Y0 和 Y1 端口复位，当测量温度大于 50℃时，Y1 端口置位。

　　程序说明：

　　第 1 逻辑行，首次扫描时从 0 号特殊功能模块的 BFM# 30 中读出标识码，即模块 ID 号，并放到基本单元的 D4 中。

　　第 2 逻辑行，检查模块 ID 号，如果是 FX$_{2N}$-4AD，结果送到 M0。

　　第 3 逻辑行，设定通道 1 的量程类型。

　　第 4 逻辑行，设定通道 1 平均滤波的周期数为 4。

　　第 5 逻辑行，将模块运行状态从 BFM#29 读入 M10～M25。

　　第 6 逻辑行，如果模块运行正常，且模块数字量输出值正常，通道 1 的平均采样值（温度的数字量值）存入寄存器 D100 中。

　　第 7 逻辑行，将下限温度数字量值 320（对应温度 30℃）放入寄存器 D102 中。

　　第 8 逻辑行，将上限温度数字量值 400（对应温度 50℃）放入寄存器 D104 中。

　　第 9 逻辑行，延时 0.5s。

　　第 10 逻辑行，将寄存器 D102 和 D104 中的值（上、下限）与寄存器 D100 中的值（温度采样值）进行比较。

　　第 11 逻辑行，当寄存器 D100 中的值小于寄存器 D102 中的值，Y000 端口置位。

第 12 逻辑行，当寄存器 D100 中的值大于寄存器 D104 中的值，Y001 端口置位。

上位机程序读取寄存器 D100 中的数字量值，然后根据温度与数字量值的对应关系计算出温度测量值。

2. 程序的写入

PLC 端程序编写完成后需将其写入 PLC 才能正常运行。步骤如下：

1）接通 PLC 主机电源，将 RUN/STOP 转换开关置于 STOP 位置。

2）运行 SWOPC-FXGP/WIN-C 编程软件，打开温度测控程序。

3）执行菜单命令"PLC"→"传送"→"写出"，如图 8-50 所示，打开"PC 程序写入"对话框，如图 8-51 所示，选中"范围设置"项，终止步设为 100，单击"确认"按钮，即开始写入程序。

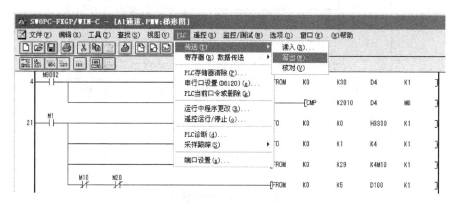

图 8-50　执行菜单命令"PLC"→"传送"→"写出"

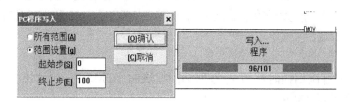

图 8-51　PC 程序写入

4）程序写入完毕将 RUN/STOP 转换开关置于 RUN 位置，即可进行温度测控。

3. PLC 程序的监控

PLC 端程序写入后，可以进行实时监控。步骤如下：

1）接通 PLC 主机电源，将 RUN/STOP 转换开关置于 RUN 位置。

2）运行 SWOPC-FXGP/WIN-C 编程软件，打开温度测控程序，并写入。

3）执行菜单命令"监控/测试"→"开始监控"，即可开始监控程序的运行，如图 8-52 所示。

寄存器 D100 上的蓝色数字（如 469）就是模拟量输入 1 通道的电压实时采集值（换算后的电压值为 2.345V，与万用表测量值相同，换算为温度值为 67.25℃），改变温度值，输入电压改变，该数值随之改变。

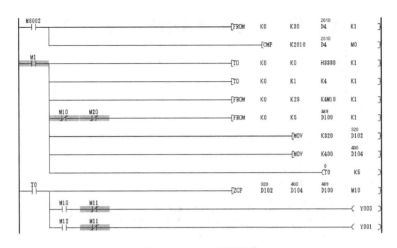

图 8-52 PLC 程序监控

当寄存器 D100 中的值小于寄存器 D102 中的值，Y000 端口置位；当寄存器 D100 中的值大于寄存器 D104 中的值，Y001 端口置位。

4）监控完毕，执行菜单命令"监控/测试"→"停止监控"，即可停止监控程序的运行。

注意：必须停止监控，否则影响上位机程序的运行。

4. PC 与 PLC 串口通信调试

PC 与三菱 PLC 串口通信采用编程口通信协议。

打开"串口调试助手"程序，首先设置串口号为 COM1、波特率为 9600、校验位为 EVEN（偶校验）、数据位为 7、停止位为 1 等参数（注意：设置的参数必须与 PLC 一致），选择"十六进制显示"和"十六进制发送"，打开串口。

从寄存器 D100 中读取数字量值，发送读指令的获取过程如下。

开始字符 STX：02H。

命令码 CMD（读）：0，其 ASCII 码值为 30H。

寄存器 D100 起始地址计算：100*2 为 200，转成十六进制数为 C8H，则 ADDR= 1000H+C8H=10C8H（其 ASCII 码值为：31H 30H 43H 38H）。

字节数 NUM：04H（ASCII 码值为：30H 34H），返回两个通道的数据。

结束字符 EXT：03H。

累加和 SUM：30H+31H+30H+43H+38H+30H+34H+03H=173H。

累加和超过两位数时，取它的低两位，即 SUM 为 73H，73H 的 ASCII 码值为：37H 33H。

因此，对应的读命令帧格式为：

02 30 31 30 43 38 30 34 03 37 33

在串口调试助手发送区输入指令，单击"手动发送"按钮，PLC 接收到命令，如果指令正确执行，接收区显示返回应答帧，如 02 44 35 30 31 30 30 30 30 03 39 44，如图 8-53 所示。PLC 接收到命令，如未正确执行，则返回 NAK 码（15H）。

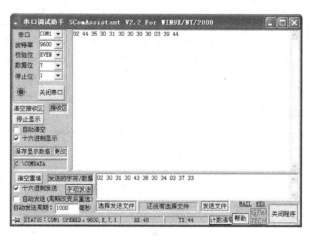

图 8-53　PC 与 PLC 串口通信调试

返回的应答帧中,"44 35 30 31"反映第一通道检测的温度大小,为 ASCII 码形式,低字节在前,高字节在后,实际为"30 31 44 35",转换成十六进制值为"01 D5",再转换成十进制值为"469"(与 SWOPC-FXGP/WIN-C 编程软件中的寄存器 D100 中的监控值相同),此值除以 200 即为采集的电压值 2.345V,换算为温度值为 67.25℃。

温度与数字量值的换算关系:0～200℃对应电压值 1～5V,0～10V 对应数字量值 0～2000,那么 1～5V 对应数字量值 200～1000,因此 0～200℃对应数字量值 200～1000。

(二)PC 端 LabVIEW 程序设计

1. 程序前面板设计

1)为了以数字形式显示测量温度值,添加 1 个数值显示控件,将标签改为"温度值:"。

2)为了显示测量温度实时变化曲线,添加 1 个波形图表控件,将 Y 轴标尺范围改为 0～100。

3)为了温度显示超限报警状态,添加两个圆形指示灯控件,将标签分别改为"上限指示灯"、"下限指示灯"。

4)为了获得串行端口号,添加 1 个串口资源检测控件:控件→I/O→VISA 资源名称;单击控件箭头,选择串口号,如 COM1 或 ASRL1:。

设计的程序前面板如图 8-54 所示。

图 8-54　程序前面板

2．程序框图设计

（1）串口初始化程序框图

1）添加 1 个平铺式顺序结构，右击结构边框，在弹出的快捷菜单中选择"替换为层叠式顺序"。

将其帧设置为 4 个（序号 0～3）。设置方法：选中层叠式顺序结构上边框，单击右键，执行"在后面添加帧"命令 3 次。

2）为了设置通信参数，在顺序结构 Frame0 中添加 1 个串口配置函数：函数→仪器 I/O→串口→VISA 配置串口。

3）为了设置通信参数值，在顺序结构 Frame0 中添加 4 个数值常量，值分别为 9600（波特率）、7（数据位）、2（校验位，偶校验）、10（停止位 1，注意这里的设定值为 10）。

4）将 VISA 资源名称函数的输出端口与串口配置函数的输入端口 VISA 资源名称相连。

5）将数值常量 9600、7、2、10 分别与 VISA 配置串口函数的输入端口波特率、数据比特、奇偶、停止位相连。

串口初始化程序框图如图 8-55 所示。

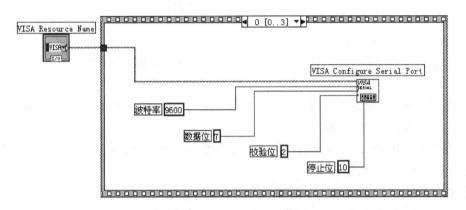

图 8-55　串口初始化程序框图

（2）发送指令程序框图

1）为了发送指令到串口，在顺序结构 Frame1 中添加 1 个串口写入函数：函数→仪器 I/O→串口→VISA 写入。

2）在顺序结构 Frame1 中添加数组常量，标签为"读指令"。

再往数组常量中添加数值常量，设置为 11 个，将其数据格式设置为十六进制，方法为：选中数组常量（函数中的数值常量，单击右键，执行"格式与精度"命令，在出现的对话框中，从格式与精度选项中选择十六进制，单击"OK"按钮确定。

将 11 个数值常量的值分别改为 02、30、31、30、43、38、30、32、03、37、31（即读 PLC 寄存器 D100 中的数据指令）。

3）在顺序结构 Frame1 中添加字节数组转字符串函数：函数→字符串→字符串/数组/路径转换→字节数组至字符串转换。

4）将 VISA 资源名称函数的输出端口与 VISA 写入函数的输入端口 VISA 资源名称相连。

5）将数组常量（标签为"读指令"）的输出端口与字节数组至字符串转换函数的输入端口无符号字节数组相连。

6）将字节数组至字符串转换函数的输出端口字符串与 VISA 写入函数的输入端口写入缓冲区相连。

发送指令程序框图如图 8-56 所示。

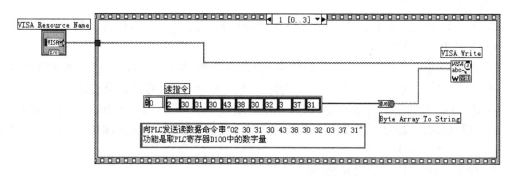

图 8-56　发送指令程序框图

（3）接收数据程序框图

1）为了获得串口缓冲区数据个数，在顺序结构 Frame2 中添加 1 个串口字节数函数：函数→仪器 I/O→串口→VISA 串口字节数，标签为"Property Node"。

2）为了从串口缓冲区获取返回数据，在顺序结构 Frame2 中添加 1 个串口读取函数：函数→仪器 I/O→串口→VISA 读取。

3）在顺序结构 Frame2 中添加字符串转字节数组函数：函数→字符串→字符串/数组/路径转换→字符串至字节数组转换。

4）在顺序结构 Frame2 中添加 4 个"索引数组"函数。

5）添加 4 个数值常量，值分别为"1"、"2"、"3"和"4"。

6）将 VISA 资源名称函数的输出端口与 VISA 读取函数的输入端口 VISA 资源名称相连；将 VISA 资源名称函数的输出端口与串口字节数函数的输入端口引用相连。

7）将串口字节数函数的输出端口 Number of bytes at Serial port 与 VISA 读取函数的输入端口字节总数相连。

8）将 VISA 读取函数的输出端口读取缓冲区与字符串至字节数组转换函数的输入端口字符串相连。

9）将字符串至字节数组转换函数的输出端口无符号字节数组分别与 4 个索引数组函数的输入端口数组相连。

10）将数值常量（值为 1、2、3、4）分别与索引数组函数的输入端口索引相连。

11）添加 1 个数值常量，选中该常量，单击右键，选择"属性"项，出现数值常量属性对话框，选择格式与精度，选择十六进制，确定后输入 30。减 30 的作用是将读取的 ASCII 值转换为十六进制。

12）再添加如下功能函数并连线：将十六进制电压值转换为十进制数（PLC 寄存器中的

数字量值），然后除以 200 就是 1 通道的十进制电压值，然后根据电压 u 与温度 t 的数学关系，即 $t=(u-1)\times50$，就得到温度值。

接收数据程序框图如图 8-57 所示。

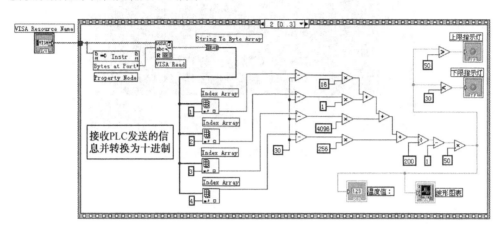

图 8-57　接收数据程序框图

（4）延时程序框图

1）为了以一定的周期读取 PLC 的返回数据，在顺序结构 Frame3 中添加 1 个"等待下一个整数倍毫秒"定时函数。

2）在顺序结构 Frame3 中添加 1 个数值常量，将值改为 500（时钟频率值）。

3）将数值常量（值为 500）与等待下一个整数倍毫秒函数的输入端口毫秒倍数相连。

连接好的程序框图如图 8-58 所示。

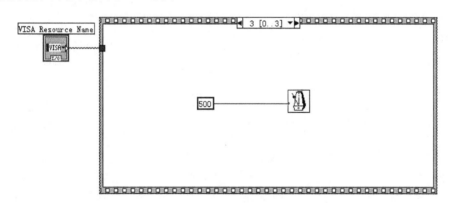

图 8-58　延时程序框图

3．运行程序

程序设计、调试完毕，单击快捷工具栏"连续运行"按钮，运行程序。

PC 读取并显示三菱 PLC 检测的温度值，绘制温度变化曲线。当测量温度小于 30℃时，程序界面下限指示灯为红色，PLC 的 Y0 端口置位；当测量温度大于 50℃时，程序界面上限指示灯为红色，Y1 端口置位。

程序运行界面如图 8-59 所示。

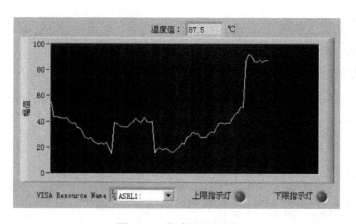

图 8-59　程序运行界面

第9章 LabVIEW 数据采集

虚拟仪器主要用于获取真实物理世界的数据，也就是说，虚拟仪器必须要有数据采集的功能。从这个角度来说，数据采集就是虚拟仪器设计的核心，使用虚拟仪器必须要掌握如何使用数据采集功能。

9.1 数据采集系统概述

9.1.1 数据采集系统的含义

在科研、生产和日常生活中，经常遇到模拟量的测量和控制。为了对温度、压力、流量、速度、位移等物理量进行测量和控制，都要先通过传感器把上述物理量转换成能模拟物理量的电信号（即模拟电信号），再将模拟电信号经过处理转换成计算机能识别的数字量，送入计算机，这就是数据采集。用于数据采集的成套设备称为数据采集系统（Data Acquisition System，DAS）。

数据采集系统的任务，就是传感器从被测对象获取有用信息，并将其输出信号转换为计算机能识别的数字信号，然后送入计算机进行相应的处理，得出所需的数据。同时，将计算得到的数据进行显示、储存或打印，以便实现对某些物理量的监测，其中一部分数据还将作为计算机控制系统对生产中的某些物理量进行控制的依据。

数据采集系统性能的好坏，主要取决于它的精度和速度。在保证精度的条件下，应有尽可能高的采样速度，以满足实时采集、实时处理和实时控制对速度的要求。

计算机技术的发展和普及提升了数据采集系统的技术水平。在生产过程中，应用这一系统可对生产现场的工艺参数进行采集、监视和记录，从而提高产品质量、降低成本；在科学研究中，应用数据采集系统可获得大量的动态信息，是研究瞬间物理过程的有力工具。总之，不论在哪个应用领域中，数据的采集与处理越及时，工作效率就越高，取得的经济效益就越大。

9.1.2 数据采集系统的功能

由数据采集系统的任务可以知道，数据采集系统具有以下几方面的功能。

1．数据采集

计算机按照预先选定的采样周期，对输入到系统的模拟信号进行采样，有时还要对数字信号、开关信号进行采样。数字信号和开关信号不受采样周期的限制，当这类信号到来时，由相应的程序负责处理。

2．信号调理

信号调理是对从传感器输出的信号做进一步的加工和处理，包括对信号的转换、放大、滤波、存储、重放和一些专门的信号处理。另外，传感器输出信号往往具有机、光、电等多种形式。而对信号的后续处理往往采取电的方式和手段，因而必须把传感器输出的信号进一步转化为适宜于电路处理的电信号，其中包括电信号放大。通过信号的调理，获得最终希望的便于传输、显示和记录，以及可做进一步后续处理的信号。

3. 二次数据计算

通常把直接由传感器采集到的数据称为一次数据，把通过对一次数据进行某种数学运算而获得的数据称为二次数据。二次数据计算主要有求和、最大值、最小值、平均值、累计值、变化率、样本方差与标准方差统计方式等。

4. 屏幕显示

显示装置可把各种数据以方便于操作者观察的方式显示出来，屏幕上显示的内容一般称为画面。常见的画面有：相关画面、趋势图、模拟图、一览表等。

5. 数据存储

数据存储就是按照一定的时间间隔，如 1 小时、1 天、1 月等，定期将某些重要数据存储在外部存储器上。

6. 打印输出

打印输出就是按照一定的时间间隔，如分钟、小时、天、月的要求，定期将各种数据以表格或图形的形式打印出来。

7. 人机联系

人机联系是指操作人员通过键盘、鼠标或触摸屏与数据采集系统对话，完成对系统的运行方式、采样周期等参数和一些采集设备的通信接口参数的设置。此外，还可以通过它选择系统功能，选择输出需要的画面等。

9.1.3 数据采集系统的输入与输出信号

实现计算机数据采集与控制的前提是，必须将生产过程的工艺参数、工况逻辑和设备运行状况等物理量经过传感器或变送器转变为计算机可以识别的电信号（电压或电流）或逻辑量。计算机测控系统经常用到的信号主要分为模拟量信号和数字量信号两大类。

针对某个生产过程设计一套计算机数据采集系统，必须了解输入输出信号的规格、接线方式、准确度等级、量程范围、线性关系、工程量换算等诸多要素。

1. 模拟量信号

在工业生产控制过程中，特别是在连续型的生产过程（如化工生产过程）中，经常会要求对一些物理量如温度、压力、流量等进行控制。这些物理量都是随时间而连续变化的。在控制领域，把这些随时间连续变化的物理量称为模拟量。

模拟信号是指随时间连续变化的信号，这些信号在规定的一段连续时间内，其幅值为连续值，即从一个量变到下一个量时中间没有间断。

模拟信号有两种类型：一种是由各种传感器获得的低电平信号；另一种是由仪器、变送器输出的 4～20mA 的电流信号或 1～5V 的电压信号。这些模拟信号经过采样和 A-D 转换输入计算机后，常常要进行数据正确性判断、标度变换、线性化等处理。

模拟信号非常便于传送，但它对干扰信号很敏感，容易使传送中的信号的幅值或相位发生畸变。因此，有时还要对模拟信号做零漂修正、数字滤波等处理。

当控制系统输出模拟信号需要传输较远的距离时，一般采用电流信号而不是电压信号，因为电流信号在一个回路中不会衰减，因而抗干扰能力比电压信号好；当控制系统输出模拟信号需要传输给多个其他仪器仪表或控制对象时，一般采用直流电压信号而不是直流电流信号。

模拟信号的常用规格如下：

1）1～5V 电压信号

此信号规格有时称为 DDZ-Ⅲ型仪表电压信号规格。1～5V 电压信号规格通常用于计算机控制系统的过程通道。工程量的量程下限值对应的电压信号为 1V，工程量上限值对应的电压信号为 5V，整个工程量的变化范围与 4V 的电压变化范围相对应。过程通道也可输出 1～5V 电压信号，用于控制执行机构。

2）4～20mA 电流信号

4～20mA 电流信号通常用于过程通道和变送器之间的传输信号。工程量或变送器的量程下限值对应的电流信号为 4mA，量程上限对应的电流信号为 20mA，整个工程量的变化范围与 16mA 的电流变化范围相对应。过程通道也可输出 4～20mA 电流信号，用于控制执行机构。

有的传感器的输出信号是毫伏级的电压信号，如 K 分度热电偶在 1000℃时输出信号为 41.296mV。这些信号要经过变送器转换成标准信号（4～20mA）再送给过程通道。热电阻传感器的输出信号是电阻值，一般要经过变送器转换为标准信号（4～20mA），再送到过程通道。对于采用 4～20mA 电流信号的系统，只需采用 250Ω 电阻就可将其变换为 1～5V 直流电压信号。

有必要说明的是，以上两种标准都不包括零值在内，这是为了避免和断电或断线的情况混淆，使信息的传送更为确切。这样也同时把晶体管器件的起始非线性段避开了，使信号值与被测参数的关系更接近线性关系，所以受到国际上的推荐并被普遍的采用。

2. 数字量信号

数字量信号又称为开关量信号，是指在有限的离散瞬时上取值间断的信号，只有两种状态，相对于开和关一样，可用"0"和"1"表达。

在二进制系统中，数字信号是由有限字长的数字组成，其中每位数字不是"0"就是"1"。数字信号的特点是，它只代表某个瞬时的量值，是不连续的信号。

开关量信号反映了生产过程、设备运行的现行状态，又称为状态量。例如：行程开关可以指示出某个部件是否达到规定的位置，如果已经到位，则行程开关接通，并向工控机系统输入 1 个开关量信号；又如工控机系统欲输出报警信号，则可以输出 1 个开关量信号，通过继电器或接触器驱动报警设备，发出声光报警。如果开关量信号的幅值为 TTL/CMOS 电平，有时又将一组开关量信号称之为数字量信号。

有许多的现场设备往往只对应于两种状态，开关信号的处理主要是监测开关器件的状态变化。例如：按钮、行程开关的闭合和断开，电动机的起动和停止，指示灯的亮和灭，继电器或接触器的释放和吸合，晶闸管的通和断，阀门的打开和关闭等，可以用开关输出信号去控制或者对开关输入信号进行检测。

开关（数字）量输入有触点输入和电平输入两种方式；开关（数字）量输出信号也有触点输出和电平输出两种方式。一般把触点输入/输出信号称为开关信号，把电平/输出输入信号称为数字信号。它们的共同点是都可以用"0"和"1"表达。

电平有"高"和"低"之分，对于具体设备的状态和计算机的逻辑值可以事先约定，即电平"高"为"1"，电平"低"为"0"，或者相反。

触点又有常开和常闭之分，其逻辑关系正好相反，犹如数字电路中的正逻辑和负逻辑。工控机系统实际上是按电平进行逻辑运算和处理的，因此工控机系统必须为输入触点提供电源，将触点输入转换为电平输入。

对于开关量输出信号，可以分为两种形式：一种是电压输出，另一种是继电器输出。电压输出一般是通过晶体管的通断来直接对外部提供电压信号，继电器输出则是通过继电器触点的通断来提供信号。电压输出方式的速度比较快且外部接线简单，但带负载能力弱；继电器输出方式则与之相反。对于电压输出，又可分为直流电压和交流电压，相应的电压幅值可以有5V、12V、24V和48V等。

9.2 数据采集卡

为了满足 PC 机用于数据采集与控制的需要，国内外许多厂商生产了各种各样的数据采集板卡（或 I/O 板卡）。用户只要把这类板卡插入计算机主板上相应的 I/O（ISA 或 PCI）扩展槽中，就可以迅速、方便地构成一个数据采集系统，既节省大量的硬件研制时间和投资，又可以充分利用 PC 的软、硬件资源，还可以使用户集中精力对数据采集与处理中的理论和方法、系统设计以及程序编制等进行研究。

9.2.1 数据采集卡的类型

基于 PC 总线的板卡是指计算机厂商为了满足用户需要，利用总线模板化结构设计的通用功能模板。基于 PC 总线的板卡种类很多，其分类方法也有很多种。按照板卡处理信号的不同可以分为模拟量输入板卡（A-D 卡）、模拟量输出板卡（D-A 卡）、开关量输入板卡、开关量输出板卡、脉冲量输入板卡、多功能板卡等。其中多功能板卡可以集成多个功能，如数字量输入/输出板卡将数字量输入和数字量输出集成在同一个板卡上。根据总线的不同，可分为 PCI 板卡和 ISA 板卡。各种类型板卡依据其所处理的数据不同，都有相应的评价指标，现在较为流行的板卡大都是基于 PCI 总线设计的。

数据采集卡的性能优劣对整个系统举足轻重。选购时不仅要考虑其价格，更要综合考虑，比较其质量、软件支持能力、后续开发和服务能力。

表 9-1 列出了部分数据采集卡的种类和用途，板卡详细的信息资料请查询相关公司的宣传资料。

表 9-1　数据采集卡的种类和用途

输入/输出信息来源及用途	信息种类	相配套的接口板卡产品
温度、压力、位移、转速、流量等来自现场设备运行状态的模拟电信号	模拟量输入信息	模拟量输入板卡
限位开关状态、数字装置的输出数码、触点通断状态、"0"、"1"电平变化	数字量输入信息	数字量输入板卡
执行机构的执行、记录等（模拟电流/电压）	模拟量输出信息	模拟量输出板卡

输入/输出信息来源及用途	信息种类	相配套的接口板卡产品
执行机构的驱动执行、报警显示、蜂鸣器等（数字量）	数字量输出信息	数字量输出板卡
流量计算、电功率计算、转速、长度测量等脉冲形式输入信号	脉冲量输入信息	脉冲计数/处理板卡
操作中断、事故中断、报警中断及其他需要中断的输入信号	中断输入信息	多通道中断控制板卡
前进驱动机构的驱动控制信号输出	间断信号输出	步进电机控制板卡
串行/并行通信信号	通信收发信息	多口 RS-232/RS-422 通信板卡
远距离输入/输出模拟（数字）信号	模拟/数字量远端信息	远程 I/O 板卡（模块）

还有其他一些专用 I/O 板卡，如虚拟存储板（电子盘）、信号调理板、专用（接线）端子板等，这些种类齐全、性能良好的 I/O 板卡与 PC 配合使用，使系统的构成十分容易。

在多任务实时控制系统中，为了提高实时性，要求模拟量板卡具有更高的采集速度，通信板卡具有更高的通信速度。当然可以采用多种办法来提高采集和通信速度，但在实时性要求特别高的场合，则需要采用智能接口板卡。某智能 CAN 接口板卡产品图如图 9-1 所示。

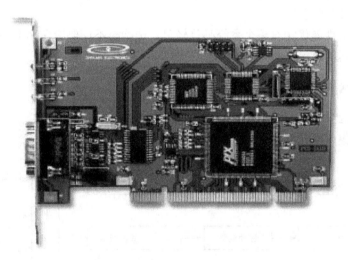

图 9-1　某智能 CAN 接口板卡产品图

所谓"智能"就是增加了 CPU 或控制器的 I/O 板卡，使 I/O 板卡与 CPU 具有一定的并行性。例如，除了 PC 主机从智能模拟量板卡读取结果时是串行操作外，模拟量的采集和 PC 主机处理其他事件是同时进行的。

9.2.2　数据采集卡的选择

要建立一个数据采集与控制系统，数据采集卡的选择至关重要。

在挑选数据采集卡时，用户主要考虑的是根据需求选取适当的总线形式，适当的采样速率，适当的模拟输入、模拟输出通道数量，适当的数字输入、输出通道数量等。并根据操作系统以及数据采集的需求选择适当的软件。主要选择依据如下。

（1）通道的类型及个数

根据测试任务选择满足要求的通道数，选择具有足够的模拟量输入与输出通道数、足够的数字量输入与输出通道数的数据采集卡。

（2）最高采样速度

数据采集卡的最高采样速度决定了能够处理信号的最高频率。

根据耐奎斯特采样理论，采样频率必须是信号最高频率的 2 倍或 2 倍以上，即 $f_s \geqslant 2f_{max}$，采集到的数据才可以有效地复现出原始的采集信号。工程上一般选择 $f_s=(5\sim10)f_{max}$。一般的过程通道板卡的采样速率可以达到 $30\sim100kHz$。快速 A-D 采集卡可达到 $1000kHz$ 或更高的采样速率。

（3）总线标准

数据采集卡有 PXI、PCI、ISA 等多种类型，一般是将板卡直接安装在计算机的标准总线插槽中。需根据计算机上的总线类型和数量选择相应的采集卡。

（4）其他

如果模拟信号是低电压信号，用户就要考虑选择采集卡时需要高增益。如果信号的灵敏度比较低，则需要高分辨率。同时还要注意最小可测的电压值和最大输入电压值，采集系统对同步和触发是否有要求等。

数据采集卡的性能优劣对整个系统举足轻重。选购时不仅要考虑其价格，更要综合考虑各种因素，比较其质量、软件支持能力、后续开发和服务能力等。

9.2.3 基于数据采集卡的测控系统

1. 测控系统组成

基于数据采集卡的计算机测控系统的组成如图 9-2 所示。

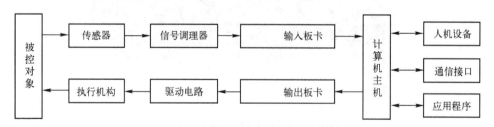

图 9-2 基于数据采集卡的控制系统组成框图

（1）计算机主机

它是整个计算机控制系统的核心。主机由 CPU、存储器等构成。它通过由过程输入通道发送来的工业对象的生产工况参数，按照人们预先安排的程序，自动地进行信息处理、分析和计算，并作出相应的控制决策或调节，以信息的形式通过输出通道，及时发出控制命令，实现良好的人机联系。目前采用的主机有 PC 机及工业 PC 机（IPC）等。

（2）传感器

传感器的作用是把非电物理量（如温度、压力、速度等）转换成电压或电流信号。例如，使用热电偶可以获得随着温度变化的电压信号；转速传感器可以把转速转换为电脉冲信号。

（3）信号调理器

信号调理器（电路）的作用是对传感器输出的电信号进行加工和处理，转换成便于输送、显示和记录的电信号（电压或电流）。例如：传感器输出信号是微弱的，就需要放大电路将微弱信号加以放大，以满足过程通道的要求；为了与计算机接口方便，需要 A-D 转换电路将模拟信号变换成数字信号等。常见的信号调理电路有：电桥电路、调制解调电路、滤波电路、放大电路、线性化电路、A-D 转换电路、隔离电路等。

如果信号调理电路输出的是规范化的标准信号（如 4～20mA、1～5V 等），这种信号调理电路称为变送器。在工业控制领域，常常将传感器与变送器做成一体，统称为变送器。变送器输出的标准信号一般送往智能仪表或计算机系统。

（4）输入输出板卡

应用 IPC 对工业现场进行控制，首先要采集各种被测量，计算机对这些被测量进行一系列处理后，将结果数据输出。计算机输出的数字量还必须转换成可对生产过程进行控制的量。因此，构成一个工业控制系统，除了 IPC 主机外，还需要配备各种用途的 I/O 接口产品，即 I/O 板卡（或数据采集卡）。

常用的 I/O 板卡包括模拟量输入输出（AI/AO）板卡、数字量（开关量）输入输出（DI/DO）板卡、脉冲量输入输出板卡及混合功能的接口板卡等。

各种板卡是不能直接由计算机主机控制的，必须由"I/O"接口来传送相应的信息和命令。I/O 接口是主机和板卡、外围设备进行信息交换的纽带。目前绝大部分 I/O 接口都是采用可编程接口芯片，它们的工作方式可以通过编程设置。

常用的 I/O 接口有并行接口、串行接口等。

（5）执行机构

它的作用是接受计算机发出的控制信号，并把它转换成执行机构的动作，使被控对象按预先规定的要求进行调整，保证其正常运行。生产过程按预先规定的要求正常运行，即控制生产过程。

常用的执行机构有各种电动、液动、气动开关，电液伺服阀，交直流电动机，步进电机，各种有触点和无触点开关及电磁阀等。在系统设计中需根据系统的要求来选择。

（6）驱动电路

要想驱动执行机构，必须具有较大的输出功率，即向执行机构提供大电流、高电压驱动信号，以带动其动作；另一方面，由于各种执行机构的动作原理不尽相同，有的用电动，有的用气动或液动，如何使计算机输出的信号与之匹配，也是执行机构必须解决的重要问题。因此为了实现与执行机构的功率配合，一般都要在计算机输出板卡与执行机构之间配置驱动电路。

（7）外围设备

外围设备主要是为了扩大计算机主机的功能而配置的。它用来显示、存储、打印、记录各种数据。包括输入设备、输出设备和存储设备。常用的外围设备有：打印机、图形显示器（CRT）、外部存储器（软盘、硬盘、光盘等）、记录仪、声光报警器等。

（8）人机设备

人机设备是人机对话的联系纽带，如操作台计算机通过操作台向生产过程的操作人员显示系统运行状态、运行参数，发出报警信号；生产过程的操作人员通过操作台向计算机输入和修改控制参数，发出各种操作命令；程序员使用操作台检查程序；维修人员利用操作台判断故障等。

（9）通信接口

对于复杂的生产过程，通过网络通信接口可构成网络集成式计算机控制系统。系统采用多台计算机分别执行不同的控制功能，既能同时控制分布在不同区域的多台设备，又能实现管理功能。

数据采集硬件的选择要根据具体的应用场合并考虑到自己现有的技术资源。

2．数据采集卡测控系统特点

随着计算机和总线技术的发展，越来越多的科学家和工程师采用基于 PC 的数据采集系统来完成实验室研究和工业控制中的测试测量任务。

基于 PC 的 DAQ 系统（简称 PCs）的基本特点是输入、输出装置为板卡的形式，并将板卡直接与个人计算机的系统总线相连，即直接插在计算机主机的扩展槽上。这些输入、输出板卡往往按照某种标准由第三方批量生产，开发者或用户可以直接在市场上购买，也可以由开发者自行制作。一块板卡的点数（指测控信号的数量）少的有几点，多的 64 点甚至更多。

构成 PCs 的计算机可以用普通的商用机，也可以用 DIY 的计算机，还可以使用工业控制计算机。

PCs 主要采用 Windows 操作系统，应用软件可以由开发者利用 C、VC++、VB 等语言自行开发，也可以在市场上购买组态软件进行组态后生成。

总之，由于 PCs 价格低廉、组成灵活、标准化程度高、结构开放、配件供应来源广泛、应用软件丰富等特点，是一种很有应用前景的计算机控制系统。

9.3　LabVIEW 与数据采集

9.3.1　基于 LabVIEW 的数据采集系统

基于 LabVIEW 的数据采集系统结构一般如图 9-3 所示。包括数据采集硬件、硬件驱动程序、驱动程序的硬件接口以及数据采集 VI 等部分。

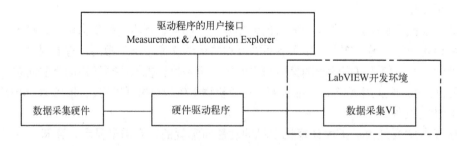

图 9-3　基于 LabVIEW 的数据采集系统结构

其中数据采集硬件主要由计算机和其 I/O 接口设备两部分组成。I/O 接口设备主要执行信号的输入、数据采集、放大、模/数转换等任务。根据 I/O 接口设备总线类型的不同，系统的构成方式主要有五种：PC-DAQ 插卡式虚拟仪器测试系统、GPIB 虚拟仪器测试系统、

VXI 总线虚拟仪器测试系统、PXI 总线虚拟仪器测试系统和串口总线虚拟仪器测试系统。

其中，PC-DAQ 插卡式是最基本、最廉价的构成形式，它充分利用了 PC 计算机的机箱、总线、电源及软件资源。图 9-4 中是 PC-DAQ 插卡式系统应用示意图。

在使用前要进行硬件安装和软件设置。硬件安装就是将 DAQ 卡插入 PC 的相应标准总线扩展插槽内，因采用 PC 本身的 PCI 总线或 ISA 总线，故称由它组成的虚拟仪器为 PC-DAQ 插卡式虚拟仪器。

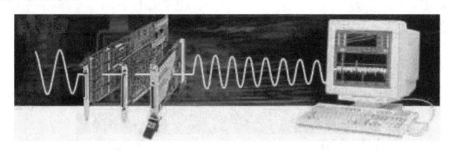

图 9-4   PC-DAQ 插卡式系统示意图

PC-DAQ 插卡式系统受 PC 计算机机箱环境和计算机总线的限制，存在诸多的不足，如电源功率不足、机箱内噪声干扰、插槽数目不多、总线面向计算机而非面向仪器、插卡尺寸较小、插槽之间无屏蔽、散热条件差等。美国 NI 公司提出的 PXI 总线，是 PCI 计算机总线在仪器领域的扩展，由它形成了具有性能价格比优势的最新虚拟仪器测试系统。

一般情况下，DAQ 硬件设备的基本功能包括模拟量输入（A-D）、模拟量输出（D-A）、数字 I/O（Digital I/O）和定时（Timer）/计数（Counter）。因此，LabVIEW 环境下的 DAQ 模板设计也是围绕着这 4 大功能来组织的。

9.3.2   DAQ 助手的使用

LabVIEW 为用户提供了多种用于数据采集的函数、VIs 和 Express VIs。这些函数、VIs 和 Express VIs 大体可以分为两类，一类是 Traditional DAQ VIs（传统 DAQ 函数），另外一类是操作更为简便的 NI-DAQmx，这些组件主要位于函数选板中的测量 I/O 和仪器 I/O 子选板中。

其中最为常用的选板是位于测量 I/O 选项中的 Data Acquisition（数据采集）子选板，如图 9-5 所示。

LabVIEW 是通过 DAQ 函数来控制 DAQ 设备完成数据采集的，所有的 DAQ 函数都包含在函数选板中的测量 I/O 选项中的 DAQmx-数据采集子选板中。

在所有的 DAQ 函数中，使用最多的是 DAQ 助手，DAQ 助手是一个图形化的界面，用于交互式地创建、编辑和运行 NI-DAQmx 虚拟通道和任务。

一个 NI-DAQmx 虚拟通道包括一个 DAQ 设备上的物理通道和对这个物理通道的配置信息，例如输入范围和自定义缩放比例。一个 NI-DAQmx 任务是虚拟通道、定时和触发信息、以及其他与采集或生成相关属性的组合。下面对 DAQ 助手的使用方法进行介绍。

DAQ 助手在函数选板测量 I/O 选项中的 DAQmx-数据采集子选板中，如图 9-6 所示。

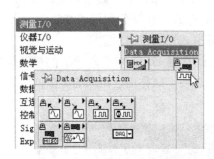
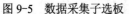

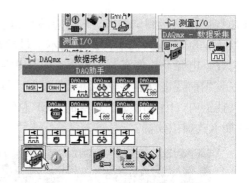

图 9-5　数据采集子选板　　　　　　　　　　　图 9-6　DAQ 助手位置

将 DAQ 助手节点图标放置到程序框图上，系统会自动弹出如图 9-7 所示新建任务对话框。

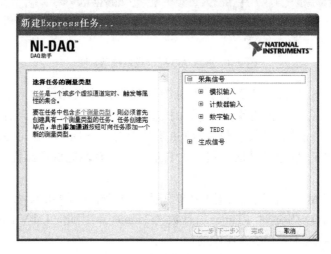

图 9-7　新建任务对话框

下面以 DAQ 模拟电压输入为例来介绍 DAQ 助手的使用方法。

选择"模拟输入"，如图 9-8 所示。

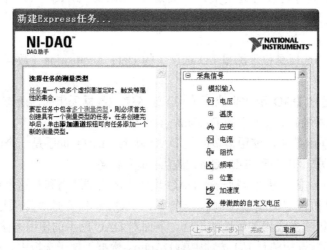

图 9-8　选择"模拟输入"

选择"电压"，用于采集电压信号。然后系统弹出如图9-9所示的选择设备通道对话框。

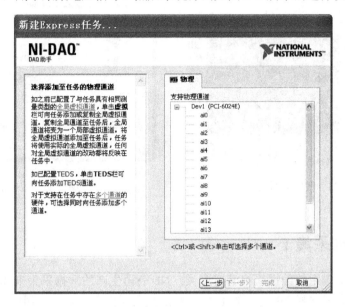

图 9-9   选择设备通道

选择"ai0"（通道 0），单击"完成"按钮，将弹出图 9-10 所示输入配置对话框。

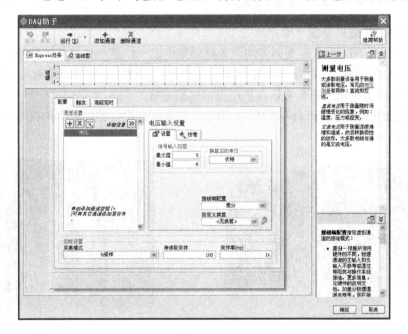

图 9-10   输入配置

按照图 9-10 所示配置完成后，单击"确定"按钮，系统便开始对 DAQ 进行初始化。
初始化完成后就可利用 DAQ 助手采集电压电号。
设计程序前面板和程序框图分别如图 9-11 和图 9-12 所示。

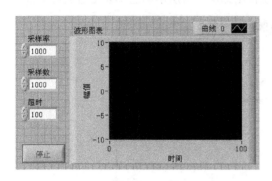

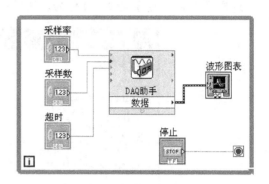

图 9-11　程序前面板　　　　　　　　　　　　图 9-12　程序框图

9.4　典型数据采集卡

在虚拟仪器中应用的数据采集卡有两类：NI 公司生产的数据采集卡和非 NI 公司生产的数据采集卡。本书选择 NI 公司的 PCI-6023E 数据采集卡和研华公司的 PCI1710HG 数据采集卡。

9.4.1　NI 公司 PCI-6023E 数据采集卡

1．PCI-6023E 数据采集卡简介

PCI-6023E 是 NI 公司 E 系列多功能数据采集卡之一，是一种性能优良的低价位的适合 PC 及其兼容机的采集卡。可与 PC 的 PCI 总线相连，它能够完成模拟量输入（A-D）、数字 I/O 及计数 I/O 等多种功能，非常适合搭建虚拟仪器系统。

PCI-6023E 数据采集卡产品如图 9-13 所示，与其配套进行数据采集的接线端子板是 CB-68LP 型，如图 9-14 所示。

图 9-13　PCI-6023E 数据采集卡　　　　　　　图 9-14　CB-68LP 接线端子板

将 PCI-6023E 数据采集卡插入计算机主板上 PCI 扩展插槽内，通过 R6868 数据电缆与 CB-68LP 接线端子板相连，就可在 PC 的控制下完成模拟信号输入输出，数字信号输入输出等功能。用 PCI-6023E 板卡构成的测控系统框图如图 9-15 所示。

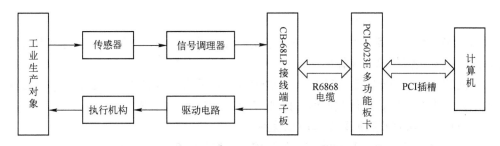

图 9-15 基于 PCI-6023E 板卡的测控系统框图

图 9-16 所示是 CB-68LP 接线端子板引脚图，下面对其接线作简要说明。

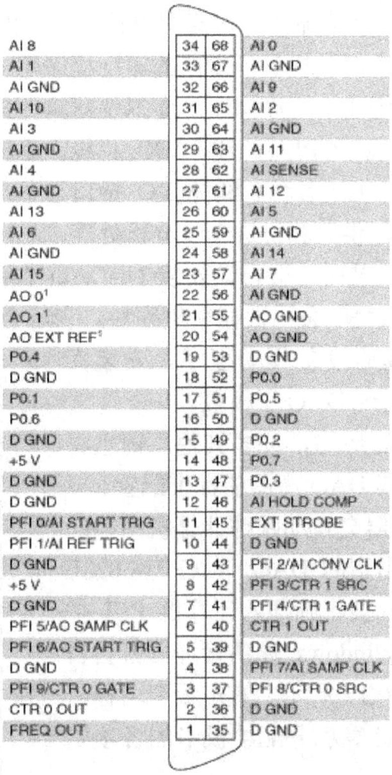

AI 8	34	68	AI 0
AI 1	33	67	AI GND
AI GND	32	66	AI 9
AI 10	31	65	AI 2
AI 3	30	64	AI GND
AI GND	29	63	AI 11
AI 4	28	62	AI SENSE
AI GND	27	61	AI 12
AI 13	26	60	AI 5
AI 6	25	59	AI GND
AI GND	24	58	AI 14
AI 15	23	57	AI 7
AO 0[1]	22	56	AI GND
AO 1[1]	21	55	AO GND
AO EXT REF[1]	20	54	AO GND
P0.4	19	53	D GND
D GND	18	52	P0.0
P0.1	17	51	P0.5
P0.6	16	50	D GND
D GND	15	49	P0.2
+5 V	14	48	P0.7
D GND	13	47	P0.3
D GND	12	46	AI HOLD COMP
PFI 0/AI START TRIG	11	45	EXT STROBE
PFI 1/AI REF TRIG	10	44	D GND
D GND	9	43	PFI 2/AI CONV CLK
+5 V	8	42	PFI 3/CTR 1 SRC
D GND	7	41	PFI 4/CTR 1 GATE
PFI 5/AO SAMP CLK	6	40	CTR 1 OUT
PFI 6/AO START TRIG	5	39	D GND
D GND	4	38	PFI 7/AI SAMP CLK
PFI 9/CTR 0 GATE	3	37	PFI 8/CTR 0 SRC
CTR 0 OUT	2	36	D GND
FREQ OUT	1	35	D GND

图 9-16　CB-68LP 接线端子板引脚图

AI 为模拟信号输入端口，当选择单端（single-ended）测量方式时，接线方式就是把信号源的正端接入 AI n（n=0,1,…15）、信号源的负端接入 AI GND。

当选择差分（differential）测量方式时，接线方式是把信号源的正端接入 AI n（n=0,1,…7）、信号源的负端接入 AI n+8。

例如，单端时，通道 0 的正负接入端就分别是 AI0 和 AI GND；通道 1 的正负接入端就分别是 AI1 和 AI GND；

差分时，通道 0 的正负接入端就分别是 AI0 和 AI8；通道 1 的正负接入端就分别是 AI1 和 AI9。

P0.0～P0.7 为 8 个数字信号输入输出通道，可以通过软件设置每个数字通道为输入或者输出，对应接开关量的输入和输出。

PCI-6023E 有 2 个计数器：CTR 0 和 CTR 1，如果计数器信号只有 1 个、希望实现简单的计数功能，那么只需要把计数器信号接到 CTR 0 SRC 或者 CTR 1 SRC。

2．安装 PCI-6023E 数据采集卡驱动程序

设备驱动程序是完成对某一特定设备的控制与通信的软件程序集合，是应用程序实现设备控制的桥梁。每个设备都有自己的驱动程序。硬件驱动程序是应用软件对硬件的编程接口，它包含着对硬件的操作命令，完成与硬件之间的数据传递。

对于市场上的大多数计算机内置插卡，厂家都配备了相应的设备驱动程序。用户在编制应用程序时，可以像调用系统函数那样，直接调用设备驱动程序，进行设备操作。

NI 公司对其全部的 DAQ 产品提供了专门的驱动程序库，因此，在虚拟仪器软件下应用 NI 的 DAQ 产品无须专门考虑驱动程序问题。虚拟仪器软件提供了各种图形化驱动程序，使用者不必熟悉 PCI 计算机总线、GPIB 总线、VXI 总线、串口总线，利用虚拟仪器软件提供的图形化驱动程序就可以驱动上述各种总线的 I/O 接口设备，实现对被测信号的输入、数据采集、放大与 A-D 转换，进而供计算机进一步分析处理。

虚拟仪器软件开发环境安装时，会自动安装 NI-DAQ 软件，它包含 NI 公司各种数据采集硬件的驱动程序。如果购买 NI 公司数据采集硬件，它还会免费提供一个 NI-DAQ 软件，目的是使用户得到最新版本的设备驱动程序。安装完 NI-DAQ 后，函数模板中会出现 DAQ 子模板。

由于虚拟仪器软件的广泛应用，许多其他厂商也将虚拟仪器软件驱动程序作为其 DAQ 产品的标准配置。

Windows 系统设备管理器会自动跟踪计算机中所装的硬件。如果有一块即插即用型的 DAQ 卡（PCI-6023E 数据采集卡就是即插即用型）被正确插入计算机 PCI 扩展插槽，驱动正确安装后，Windows 设备管理器就会自动检测到该 DAQ 卡，如图 9-17 所示。右击板卡名称，选择"属性"项，可以查看计算机分配给板卡的各项资源设置。

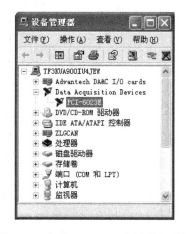

图 9-17　查看 PCI-6023E 板卡资源设置

9.4.2　研华公司 PCI-1710HG 数据采集卡

1．PCI-1710HG 数据采集卡简介

PCI-1710HG 是研华公司生产的一款功能强大的低成本多功能 PCI 总线数据采集卡，如图 9-18 所示。其先进的电路设计使得它具有更高的质量和更多的功能，这其中包含五种最常用的测量和控制功能：16 路单端或 8 路差分模拟量输入、12 位 A-D 转换器（采样速率可达 100kHz）、2 路 12 位模拟量输出、16 路数字量输入、16 路数字量输出及计数器/定时器功能。

2．用 PCI-1710HG 数据采集卡组成的控制系统

用 PCI-1710HG 板卡构成完整的控制系统还需要接线端子板和通信电缆，如图 9-19 所示。电缆采用 PCL-10168 型，如图 9-20 所示，是两端针型接口的 68 芯 SCSI-II 电缆，用于连接板卡与 ADAM-3968 接线端子板。该电缆采用双绞线，并且模拟信号线和数字信号线是分开屏蔽的，这样能使信号间的交叉干扰降到最小，并使 EMI/EMC 问题得到了最终的解决。接线端子板采用 ADAM-3968 型，是 DIN 导轨安装的 68 芯 SCSI-II 接线端子板，用于各种输入输出信号线的连接。

图 9-18　PCI-1710HG 数据采集卡　　图 9-19　PCI-1710HG 产品的成套性　　图 9-20　PCL-10168 电缆

使用时用 PCL-10168 电缆将 PCI-1710HG 板卡与 ADAM-3968 接线端子板连接，这样 PCL-10168 的 68 个针脚和 ADAM-3968 的 68 个接线端子一一对应。

用 PCI-1710HG 板卡构成的控制系统框图如图 9-21 所示。

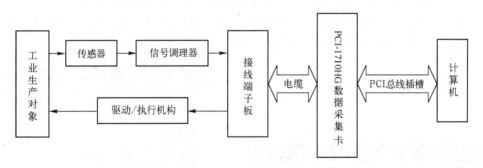

图 9-21　基于 PCI-1710HG 板卡的控制系统框图

3. 安装设备管理程序和驱动程序

在测试板卡和使用研华驱动编程之前必须首先安装研华设备管理程序 Device Manager 和 32bitDLL 驱动程序。

进入研华公司官方网站 www.advantech.com.cn 找到并下载下列程序：设备管理程序 DevMgr.exe 和驱动程序 PCI1710.exe 等。

首先执行 DevMgr.exe 程序，根据安装向导完成配置管理软件的安装。

接着执行 PCI1710.exe 程序，按照提示完成驱动程序的安装。

安装完 Device Manager 后，相应的设备驱动手册 Device Driver's Manual 也会自动安装。有关研华 32bitDLL 驱动程序的函数说明、例程说明等资料在此获取。快捷方式的位置为：开始/程序/Advantech Automation/Device Manager/Device Driver's manual。

4. 将板卡安装到计算机中

关闭计算机电源，打开机箱，将 PCI-1710HG 板卡正确地插到一空闲的 PCI 插槽中，如图 9-22 所示，检查无误后合上机箱。

注意：在用手持板卡之前，请先释放手上的静电（例如：通过触摸电脑机箱的金属外壳释放静电），不要接触易带静电的材料（如塑料材料），手持板卡时只能握它的边沿，以免手上的静电损坏面板上的集成电路或组件。

重新开启计算机，进入 WindowsXP 系统，首先出现"找到新的硬件向导"对话框，选择"自动安装软件"项，单击"下一步"按钮，计算机将自动完成 Advantech PCI-1710HG Device 驱动程序的安装。

图 9-22　PCI-1710 板卡安装

系统自动地为 PCI 板卡设备分配中断和基地址，用户无须关心。

注：其他公司的 PCI 设备一般都会提供相应的.inf 文件，用户可以在安装板卡的时候指定相应的.inf 文件给安装程序。

检查板卡是否安装正确：右击"我的电脑"，单击"属性"项，弹出"系统属性"对话框，选中"硬件"项，单击"设备管理器"按钮，进入"设备管理器"画面，若板卡安装成功后会在设备管理器列表中出现 PCI-1710HG 的设备信息，如图 9-23 所示。

查看板卡属性"资源"选项中，可获得计算机分配给板卡的地址输入输出范围：如 C000～C0FF，其中首地址为 C000，分配的中断号为 22，如图 9-24 所示。

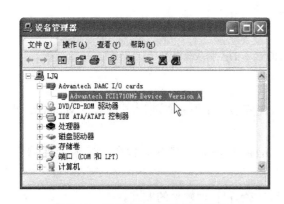

图 9-23　设备管理器中的板卡信息

图 9-24　板卡资源信息

5. 配置板卡

在测试板卡和使用研华驱动编程之前必须首先对板卡进行配置，通过研华板卡配置软件 Device Manager 来实现。

从开始菜单/所有程序/Advantech Automation/Device Manager 打开设备管理程序 Advantech Device Manager，如图 9-25 所示。

当计算机上已经安装好某个产品的驱动程序后，设备管理软件支持的设备列表前将没有红色叉号，说明驱动程序已经安装成功，比如图 9-25 中 Supported Devices 列表的 Advantech PCI-1710/L/HG/HGL 前面就没有红色叉号，选中该板卡，单击"Add"按钮，该板卡信息就会出现在 Installed Devices 列表中。

PCI 总线的插卡插好后计算机操作系统会自动识别，在 Device Manager 的 Installed Devices 栏中 My Computer 下会自动显示出所插入的器件，这一点和 ISA 总线的板卡不同。

单击"Setup"按钮，弹出"PCI-1710HG Device Setting"对话框，如图 9-26 所示，在对话框中可以设置 A-D 通道是单端输入还是差分输入，可以选择两个 D-A 转换输出通道通用的基准电压来自外部还是内部，也可以设置基准电压的大小（0～5V 还是 0～10V），设置好后，单击"OK"按钮即可。

图 9-25　配置板卡

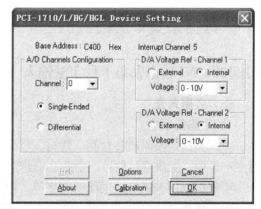

图 9-26　板卡 A-D、D-A 通道配置

到此，PCI-1710HG 数据采集卡的硬件和软件已经安装完毕，可以进行板卡测试。

6. LabVIEW 驱动程序的安装

在 LabVIEW 环境中控制各种 DAQ 卡完成特定的功能，都离不开 DAQ 驱动程序的支持。依靠硬件驱动程序可以大大简化 LabVIEW 编程工作，提高开发效率，降低开发成本。

假如用户采用的 DAQ 产品没有 LabVIEW 驱动程序，那么在利用 LabVIEW 开发应用程序前，必须首先编写 LabVIEW 驱动程序。研华提供 LabVIEW 驱动程序，供 LabVIEW 语言对其板卡编程使用。

首先在研华公司官方网站找到驱动程序 LabVIEW.exe 文件，安装该文件后，在 LabVIEW 函数模板中的用户库（User Libraries）就会出现研华的 LabVIEW 函数库（Advantech DA&C），如图 9-27 所示。

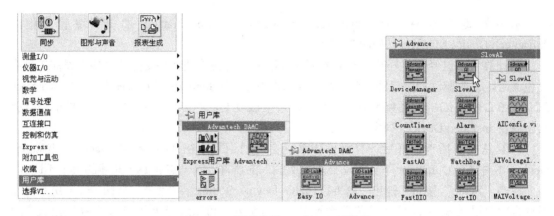

图 9-27　研华公司 LabVIEW 函数库

注意： 安装完设备管理程序 Device Manager 和 32bitDLL 驱动程序后 LabVIEW 驱动程序才能正常使用。

9.5　数据采集卡测控实例

实例 39　NI 数据采集卡数字量输入

一、应用背景

1．喷码机概述

喷码是指用喷码机在食品、建材、日化、电子、汽配、线缆等需要标识的行业产品上注明生产日期、保质期、批号、企业 Logo 等信息的过程。

喷码机是用来在产品表面喷印字符、图标、规格、条码及防伪标识等内容的机器。其优点在于不接触产品，喷印内容灵活可变，字符大小可以调节，以及可以和计算机连接进行复杂数据信息喷印。图 9-28 所示是某喷码机工作示意图。

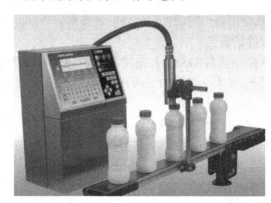

图 9-28　某喷码机工作示意图

按需滴落式喷码机的喷头由多个高精密阀门组成，在喷字时，字型相对应的阀门迅速启闭，墨水依靠内部恒定压力喷出，在运动的表面形成字符或图形。它的优点在于：

字迹清晰持久：计算机控制，准确地喷印出所要求的数字、文字、图案和条形码等。

自动化程度高：自动实现日期、批次和编号的变更，实现喷印过程的无人操作。

编程迅速方便：通过计算机或编辑机输入所要求的数字、文字、图案和行数等信息，修改打印信息，只按数键便可完成。

应用领域广泛：能与任何生产线匹配。可在塑料、玻璃、纸张、木材、橡胶、金属等多种材料、不同形体的表面喷印商标、出厂日期、说明、批号等。

瓶装饮料如矿泉水生产工艺中，灌装完成后装箱前可使用喷码机进行喷码。

2．计数喷码控制系统

某饮料瓶计数喷码控制系统主要由传感器、检测电路、喷头、电磁阀、输入装置、输出装置和计算机等部分组成，如图 9-29 所示。实际上它们都是自动化喷码机成套系统的组成部分。传感器和喷头往往做成一体。

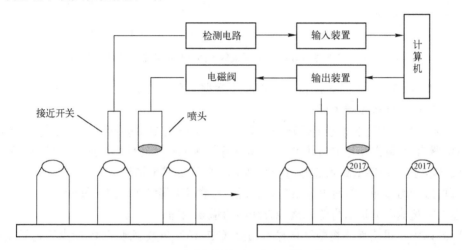

图 9-29　饮料瓶计数喷码控制系统示意图

传感器可采用电容式接近开关。当饮料瓶移动到接近开关探头下方时，开关响应经检测电路输出开关信号，此信号通过输入装置送入计算机，计算机计数程序加 1，同时计算机发出控制指令通过输出装置控制电磁阀打开，此时饮料瓶刚好移动到喷头下方，喷头内部墨水在压力作用下在瓶盖上喷出需要的字形。喷完后电磁阀迅速关闭。

饮料瓶计数喷码控制系统中，传感器检测信号经过检测电路变换输出开关（数字）量信号，通过开关（数字）量输入装置送入计算机进行处理。开关（数字）量检测系统可以用图 9-30 来表示。

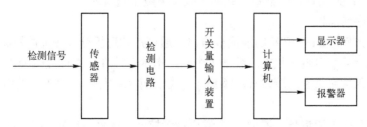

图 9-30　计算机开关（数字）量检测系统组成框图

计算机完成开关（数字）信号的采集、处理、显示需要通过程序来实现。

下面通过实验，采用 NI 公司 PCI-6023E 数据采集卡作为开关（数字）量输入装置，使用 LabVIEW 编写 PC 端虚拟仪器程序实现开关（数字）量采集和处理。

二、实验线路

PC 与 PCI-6023E 数据采集卡组成的数字量输入实验线路如图 9-31 所示。

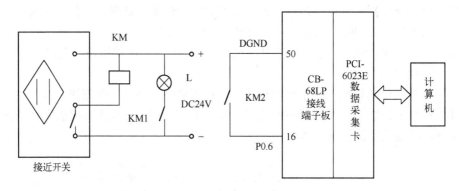

图 9-31 PC 与 PCI-6023E 数据采集卡组成的数字量输入实验线路

首先将 PCI-6023E 数据采集卡通过 R6868 数据电缆与 CB-68LP 接线端子板连接，然后将其他元器件连接到接线端子板上。

图 9-31 中，由红外光电接近开关（实验中也可采用电感接近开关）控制 1 个继电器 KM，继电器有 2 路常开开关，其中 1 个常开开关 KM1 接信号指示灯 L，另一个常开开关 KM2 接数据采集卡数字量输入 6 通道（引脚 16，50）或其他通道。

也可直接使用按钮、行程开关等的常开触点接数字量输入端点 16 和 50。

其他数字量输入通道信号输入接线方法与通道 6 相同。

实际测试中，可用导线将数字量输入端点（如 16）与数字地（50 端点）之间短接或断开产生数字量输入信号。

在进行 LabVIEW 编程之前，首先必须安装 NI 数据采集卡驱动程序以及传统 DAQ 函数库。

三、设计任务

采用 LabVIEW 语言编写程序实现 PC 与 PCI-6023E 数据采集卡数字信号输入。

任务要求：利用开关产生数字（开关）信号（0 或 1）作用于板卡数字量输入通道，使 PC 程序画面中信号指示灯颜色改变。

四、任务实现

（一）方法 1：采用读写一条数字线的方式实现数字量输入

1. 设计程序前面板

新建 VI。切换到 LabVIEW 的前面板窗口，通过控件选板给程序前面板添加控件。

1）为了显示数字量输入状态，添加 1 个圆形指示灯控件，将标签改为"端口状态"。

2）为了输入数字量输入端口号，添加 1 个数值输入控件，标签为"端口号"，将初始值设为"6"。

3）为了设置办卡通道号，添加 1 个通道设置控件：控件→I/O→传统 DAQ 通道。标签改为"Traditinal DAQ Channel"(传统 DAQ 通道)。初始值设为 0,并设为默认值。

4)为了关闭程序,添加 1 个停止按钮控件。

设计的程序前面板如图 9-32 所示。

2. 程序框图设计

切换到 LabVIEW 的程序框图窗口,添加节点与连线。

1)添加 1 个 While 循环结构。

以下在 While 循环结构框架中添加节点并连线。

2)添加 1 个读数字量函数:函数→测量 I/O→Data Acquisition→Digital I/O→Read from Digital Line.vi,如图 9-33 所示。该函数读取用户指定的数字口上的某一位的逻辑状态。

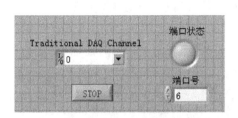

图 9-32　程序前面板

图 9-33　添加"Read from Digital Line.vi"函数

3)添加 1 个数值常量。将值设为"1"(板卡设备号)。

4)将前面板添加的所有控件对象的图标移到 While 循环结构框架中。

5)将数值常量"1"(板卡设备号)与 Read from Digital Line.vi 函数的输入端口"Device"相连。"Device"端口表示数字输入输出应用的设备编号。

6)将传统 DAQ 通道控件与 Read from Digital Line.vi 函数的输入端口"digital channel"相连。"digital channel"端口表示数字端口号或在信道向导中设置的数字信道名。

7)将数值输入控件(标签为"端口号")与 Read from Digital Line.vi 函数的输入端口"Line"相连。"Line"端口表示数字端口中的数字线号或位。

8)将 Read from Digital Line.vi 函数的输出端口"Line state"与指示灯控件(标签为"端口状态")相连。"Line state"端口表示数字线或位的状态。这个参数对于 Read from Digital Line.vi 是一个输出量,当数字线处于关的状态就返回"FALSE",当数字线处于开的状态就返回"TRUE"。

9)将停止按钮控件与循环结构的条件端口相连。

设计的程序框图如图 9-34 所示。

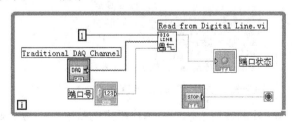

图 9-34　程序框图

3．运行程序

单击快捷工具栏"运行"按钮，运行程序。

通过线路中的接近开关（或用导线将 16 和 50 端点短接或断开）使板卡 6 通道产生开关（数字）输入信号，程序画面中信号指示灯颜色改变。

程序运行界面如图 9-35 所示。

（二）方法 2：采用读写一个数字端口的方式实现数字量输入

1．设计程序前面板

新建 VI。切换到 LabVIEW 的前面板窗口，通过控件选板给程序前面板添加控件。

1）为了显示各数字量输入端口状态，添加 1 个数组控件，标签改为"输入端口显示"。往数组框里放置"方形指示灯"控件。将数组中的指示灯个数设置为 8 个。

2）为了设置板卡通道，添加 1 个通道设置控件：控件→I/O→传统 DAQ 通道。标签改为"Traditinal DAQ Channel"（传统 DAQ 通道）。初始值设为 0，并设为默认值。

3）为了关闭程序，添加 1 个停止按钮控件。

设计的程序前面板如图 9-36 所示。

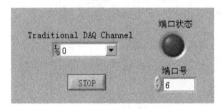

图 9-35　程序运行界面

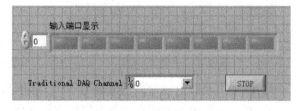

图 9-36　程序前面板

2．程序框图设计

切换到 LabVIEW 的程序框图窗口，添加节点与连线。

1）添加 1 个循环结构。

以下在 While 循环结构框架中添加节点并连线。

2）添加 1 个读数字量函数：函数→测量 I/O→Data Acquisition→Digital I/O→Read from Digital Port.vi，如图 9-37 所示。

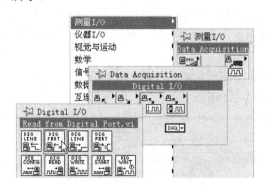

图 9-37　添加"Read from Digital Port.vi"函数

Read from Digital Port.vi 函数用于读一个用户指定的数字口。与 Read from Digital Line.vi 在参数上的不同是，由于是对整个端口操作，所以没有 line 和 line state 这两个参数，而增加

210

了一个波形样式参数 Pattern，它返回一个端口所有数字线的状态。其余参数的意义相同。

Pattern 参数是一个整型数，它的二进制形式各个位上的 0 和 1 对应数字端口 8 个数字线的状态。

3）添加 1 个数值常量。将值设为"1"（板卡设备号）。

4）添加 1 个数值转布尔数组函数：函数→数值→转换→数值至布尔数组转换。

5）将前面板添加的所有控件对象的图标移到循环结构框架中。

6）将数值常量"1"（板卡设备号）与 Read from Digital Port.vi 函数的输入端口"Device"相连。

7）将传统 DAQ 通道控件与 Read from Digital Port.vi 函数的输入端口"digital channel"相连。

8）将 Read from Digital Port.vi 函数的输出端口"Pattern"与数值至布尔数组转换函数的输入端口"数字"相连。

9）将数值至布尔数组转换函数的输出端口"布尔数组"与数组控件（标签为"输入端口显示"）的输入端口相连。

10）将停止按钮控件与 While 循环结构的条件端口相连。

设计的程序框图如图 9-38 所示。

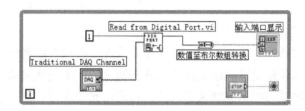

图 9-38　程序框图

3. 运行程序

单击快捷工具栏"运行"按钮，运行程序。

通过线路中的接近开关（或用导线将 16 和 50 端点短接或断开）使板卡 6 通道产生开关（数字）输入信号，程序画面中信号指示灯颜色改变。

程序运行界面如图 9-39 所示。

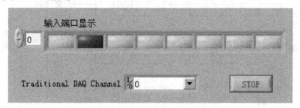

图 9-39　程序运行界面

实例 40　NI 数据采集卡温度测控

一、应用背景

1. 温室大棚概述

温室又称暖房，能透光、保温（或加温）。它是以采光覆盖材料作为全部或部分围护结构材料，可供某些植物不适宜室外生长的季节进行栽培的建筑，如图 9-40 所示。多用于低温季节喜温蔬菜、花卉、林木等植物的栽培或育苗等。

图 9-40　某温室大棚

温室根据温室的最终使用功能，可分为生产性温室、试验（教育）性温室和允许公众进入的商业性温室。蔬菜栽培温室、花卉栽培温室、养殖温室等均属于生产性温室；人工气候室、温室实验室等属于试验（教育）性温室；各种观赏温室、零售温室、商品批发温室等则属于商业性温室。

2. 温室大棚监控系统

现代化温室中应包括供水控制系统、温度控制系统、湿度控制系统和照明控制系统。供水控制系统根据植物需要自动适时适量供给水分；温度控制系统适时调节温度；湿度控制系统调节湿度；照明控制系统提供辅助照明，使植物进行光合作用。以上系统可使用计算机自动控制，创造植物所需的最佳环境条件。

某温室大棚温湿度监控系统如 9-41 所示。系统由计算机、温度传感器、湿度传感器、信号调理电路、输入装置、输出装置、驱动电路、电磁阀和加热器等部分组成。

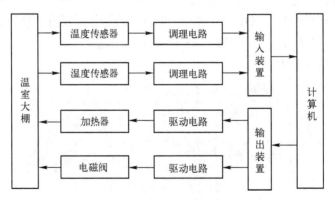

图 9-41　温室大棚温湿度监控系统结构框图

温度传感器、湿度传感器检测温室大棚温度和湿度，通过信号调理电路转换为电压信号，经输入装置传送给监控中心计算机显示、处理、记录和判断；当低于规定温度值、规定湿度值（下限）时，计算机经输出装置发出开关控制信号，给加热器通电加热，电磁阀通电开始供水；当高于规定温度值、规定湿度值（上限）时，加热器断电停止加热，电磁阀断电停止供水。

调理电路可采用温度变送器、湿度变送器，将温、湿度变化转换为 1～5V 标准电压值；输入、输出装置可采用远程 I/O 模块，如果距离较近，也可采用数据采集卡。

温室大棚温湿度监控系统是一个典型的闭环控制系统。

上述模拟量输入与开关量输出系统可以用图 9-42 来表示。

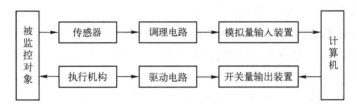

图 9-42　计算机模拟量输入与开关量输出系统组成框图

下面通过实验，采用 NI 公司 PCI-6023E 数据采集卡作为模拟量输入和开关（数字）量输出装置，使用 LabVIEW 编写 PC 端虚拟仪器程序实现温度检测和开关量输出控制。

二、实验线路

PC 与 PCI-6023E 数据采集卡组成的温度测控实验线路如图 9-43 所示。

首先将 PCI-6023E 数据采集卡通过 R6868 数据电缆与 CB-68LP 接线端子板连接。然后将其他输入、输出元器件连接到接线端子板上。

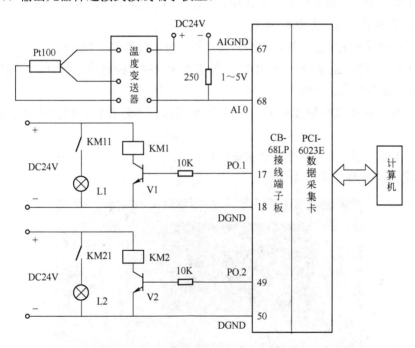

图 9-43　PC 与 PCI-6023E 数据采集卡组成的温度测控实验线路

图 9-43 中，温度传感器 Pt100 热电阻检测温度变化，通过温度变送器（测量范围 0～

200℃）转换为 4～20mA 电流信号，经过 250Ω 电阻转换为 1～5V 电压信号送入数据采集卡模拟量输入 0 通道（引脚 68 和 67）。温度与电压的数学关系是：温度=(电压-1)×50。

当检测温度大于等于计算机程序设定的上限值时，计算机输出控制信号，使数据采集卡数字量输出 1 通道 PO.1（17 引脚）置高电平，晶体管 V1 导通，继电器 KM1 常开开关 KM11 闭合，指示灯 L1 亮；当检测温度小于等于计算机程序设定的下限值，计算机输出控制信号，使数据采集卡数字量输出 2 通道 PO.2（49 引脚）置高电平，晶体管 V2 导通，继电器 KM2 常开开关 KM21 闭合，指示灯 L2 亮。

还需进行 AI 参数设置。运行 Measurement & Automation 软件，在参数设置对话框中的 AI 设置项，设置模拟信号输入时的量程为-10.0～+10.0V，输入方式采用 Reference Single Ended（单端有参考地输入）。

在进行 LabVIEW 编程之前，必须安装 NI 数据采集卡驱动程序以及 DAQ 函数。

三、设计任务

采用 LabVIEW 语言编写应用程序实现 PC 与 PCI-6023E 数据采集卡温度测控。

任务要求：自动连续读取并显示温度测量值；绘制测量温度实时变化曲线；实现温度上、下限报警指示并能在程序运行中设置报警上、下限值。

四、任务实现

1．设计程序前面板

新建 VI。切换到 LabVIEW 的前面板窗口，通过控件选板给程序前面板添加控件。

1）为了实时显示测量温度实时变化曲线，添加 1 个波形图表控件。标签改为"温度变化曲线"，将 Y 轴标尺范围改为 0～100。

2）为了显示板卡采集值，添加 1 个数值显示控件，标签为"温度值"。

3）为了设置温度上下限值，添加 2 个数值输入控件。标签分别改为"上限值"、"下限值"，将其初始值分别设为"50"和"20"。

4）为了显示测量温度超限状态，添加 2 个圆形指示灯控件。将标签分别改为"上限灯"、"下限灯"。

5）为了关闭程序，添加 1 个停止按钮控件。

设计的程序前面板如图 9-44 所示。

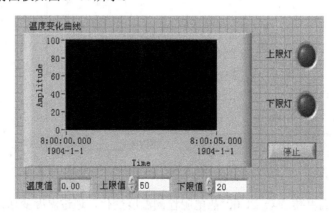

图 9-44　程序前面板

2. 程序框图设计

切换到 LabVIEW 的程序框图窗口，添加节点与连线。

（1）温度采集程序设计

1）添加 1 个 While 循环结构。

以下在 While 循环结构框架中添加节点并连线。

2）添加 1 个"等待下一个整数倍毫秒"定时函数。

3）添加 1 个数值常量，值设为"500"。

4）将数值常量"500"与时钟函数的输入端口相连。

5）将停止按钮图标移到 While 循环结构框架中。将停止按钮与循环结构的条件端口◉相连；

6）添加 1 个平铺式顺序结构，右击边框，弹出快捷菜单，选择"替换为层叠式顺序"。

将其帧设置为 2 个（序号 0-1）。设置方法：右击顺序式结构上边框，在弹出的快捷菜单中执行"在后面添加帧"选项 1 次。

以下在顺序结构框架 0 中添加函数并连线。

7）添加 1 个模拟电压输入函数：函数→测量 I/O→Data Acquisition→Analog Input→AI Acquire Waveforms .vi。

8）添加 6 个数值常量，将值分别设为"1"、"1000"、"1000"、"0"、"1"和"50"。

9）添加 1 个字符串常量，将值改为"0,1,2,3"。

10）将数值常量"1"、"1000"、"1000"分别与 AI Acquire Waveforms .vi 函数的输入端口"device"、"number of samples/ch"、"scan rate"相连。

11）将字符串"0,1,2,3"与 AI Acquire Waveforms .vi 函数的输入端口"channel（string）"相连。

12）添加 1 个索引数组函数。

13）将 AI Acquire Waveforms .vi 函数的输出端口"waveforms"与索引数组函数的输入端口"数组"相连

14）将数值常量"0"与索引数组函数的输入端口"索引"相连。

15）添加 1 个减函数；添加 1 个乘函数。

16）将索引数组函数的输出端口"元素"与减函数的输入端口"x"相连；将数值常量"1"与减函数的输入端口"y"相连。

17）将减函数的输出端口"x-y"与乘函数的输入端口"x"相连；将数值常量"50"与乘函数的输入端口"y"相连。

18）第 17）步的作用是将检测的电压值转换为温度值（温度=(电压-1)×50）。

19）将数值显示控件（标签为"温度值"）、波形显示控件（标签为"温度变化曲线"）移到顺序结构框架 0 中。

20）将乘函数的输出端口"x*y"分别与数值显示控件、波形显示控件相连。

框架 0 中连接好的程序框图如图 9-45 所示。

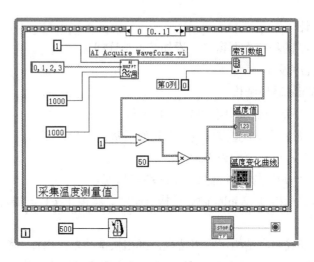

图 9-45　温度采集程序框图

（2）超温控制程序设计

以下在顺序结构框架 1 中添加节点并连线。

1）添加 2 个写数字量函数：函数→测量 I/O→Data Acquisition→Digital I/O→Write to Digital Line.vi。

2）添加 4 个数值常量，将值分别设为"1"、"1"、"1"和"2"。

3）添加 2 个字符串常量，将值均设为"0"。

4）添加 1 个局部变量。右击局部变量图标，在弹出的快捷菜单中，从"选择项"子菜单为局部变量选择对象"温度值"。单击该局部变量，在弹出菜单中选择"转换为读取"。

5）添加 1 个"大于等于?"比较函数；添加 1 个"小于等于?"。

6）将数值输入控件"上限值"、"下限值"以及"上限灯"控件和"下限灯"控件移到顺序结构框架 1 中。

7）将 2 个数值常量"1"（板卡设备号）分别与 2 个 Write to Digital Line.vi 函数的输入端口"Device"相连。

8）将 2 个字符串常量"0"（通道号）分别与 2 个 Write to Digital Line.vi 函数的输入端口"digital channel"相连。

9）将数值常量"1"和"2"（端口号）分别与 2 个 Write to Digital Line.vi 函数的输入端口"Line"相连。

10）将"温度值"局部变量与"大于等于?"比较函数的输入端口"x"相连；将"温度值"局部变量与"小于等于?"比较函数的输入端口"x"相连。

11）将数值输入控件"上限值"与"大于等于?"比较函数的输入端口"y"相连；将数值输入控件"下限值"与"小于等于?"比较函数的输入端口"y"相连。

12）将"大于等于?"比较函数的输出端口"x>=y?"与 Write to Digital Line.vi 函数（上）的输入端口"Line state"相连；将"小于等于?"比较函数的输出端口"x<=y?"与 Write to Digital Line.vi 函数（下）的输入端口"Line state"相连。

13）将"大于等于?"比较函数的输出端口"x>=y?"与"上限灯"控件相连；将"小于

等于?"比较函数的输出端口"x<=y?"与"下限灯"控件相连。

框架 1 中连接好的程序框图如图 9-46 所示。

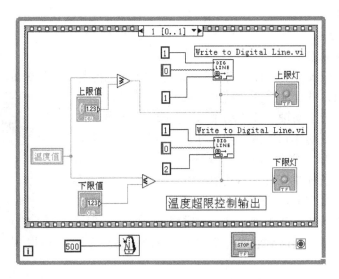

图 9-46　超温控制程序框图

3. 运行程序

单击快捷工具栏"运行"按钮，运行程序。

给 Pt100 热电阻传感器升温或降温，程序画面显示温度测量值及实时变化曲线。

当测量温度大于等于设定的上限温度值时，数据采集卡数字量输出 1 通道 PO.1（17 引脚）置高电平，线路中指示灯 L1 亮，程序画面中上限指示灯改变颜色。

当测量温度小于等于设定的下限温度值时，数据采集卡数字量输出 2 通道 PO.2（49 引脚）置高电平，线路中指示灯 L2 亮，程序画面中下限指示灯改变颜色。

可以改变温度报警上限值和下限值：在"上限值"数值输入控件中输入上限报警值；在"下限值"数值输入控件中输入下限报警值。

程序运行界面如图 9-47 所示。

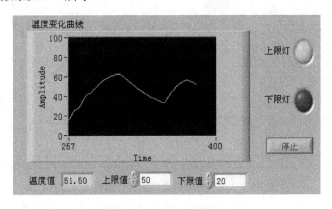

图 9-47　程序运行界面

实例41　研华数据采集卡电压采集

一、应用背景

1. 轴承滚柱分级

（1）轴承滚柱概述

轴承是当代机械设备中一种重要零部件，它的主要功能是支撑机械旋转体，降低其运动过程中的摩擦系数，并保证其回转精度。按运动元件摩擦性质的不同，轴承可分为滚动轴承和滑动轴承两大类。滚动轴承一般由外圈、内圈、滚动体和保持架四部分组成，如图 9-48 所示。按滚动体的形状，滚动轴承分为球轴承和滚子轴承两大类。滚子轴承按滚子种类分为：圆柱滚子轴承、滚针轴承、圆锥滚子轴承和调心滚子轴承。

圆柱滚子轴承（即滚柱轴承）是一种常用的轴承，为保证回转精度、降低摩擦系数，要求同一个轴承上安装的滚柱直径公差在一定范围内。

图9-48　滚动轴承产品图

（2）滚柱直径分选机的工作原理

某轴承公司希望对本厂生产的汽车用滚柱的直径进行自动测量和分选，技术指标及具体要求如下：滚柱的标称直径为 10.000mm，允许的公差范围是 $\pm 3\mu m$，超出公差范围的均予以剔除。

滚柱直径分选机的工作原理示意图如图 9-49 所示。

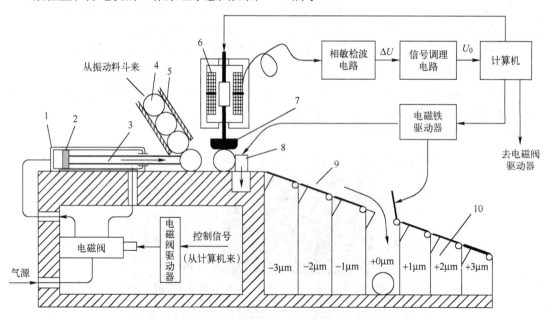

图9-49　滚柱直径分选机的工作原理示意图

1—气缸　2—活塞　3—推杆　4—滚柱　5—落料管　6—电感测微器

7—钨钢测头　8—限位挡板　9—电磁翻板　10—料斗

待分选的滚柱放入振动料斗中，在电磁振动力的作用下，自动排成队列，从落料管中下落到气缸推杆右端。气缸活塞在高压气体的推动下，将滚柱快速推至电感测微器钨钢测头下方限位挡板位置。

电感测微器测得滚柱直径，经相敏检波电路转换为电压信号，再经过信号调理电路（如放大）送入计算机。计算机对反映滚柱直径大小的输入电压 U_0 进行采集、运算、分析、比较、判断，发出控制信号使限位挡板落下，同时发出另一路控制信号使继电器驱动电路导通，打开与滚柱直径公差相对应的电磁翻板，滚柱落入相应料斗中。

分选完成后，计算机发出控制信号使限位挡板升起，同时发出控制信号到电磁阀驱动器，驱动电磁阀控制活塞推杆推动另一滚柱到限位挡板处，开始下一次分选。

2．零件磨削加工

某些轴类零件，为了保证使用寿命，提高圆柱表面加工质量，需要进行磨削加工。传统加工方法需要工人操作磨床，控制研磨盘进退，加工过程中需要停止磨削，使用工具测量工件直径，不满足要求启动磨床继续磨削，直到合格为止。由于人工研磨方法效率低，加工精度低，因此有必要采用控制技术实现磨削自动化。可使用图 9-50 所示系统进行磨削自动控制。

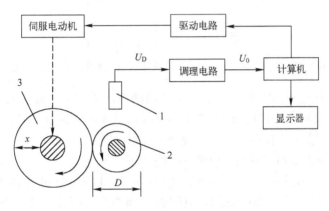

图 9-50　自动磨削控制系统示意图

1—传感器　2—被研磨工件　3—研磨盘

图 9-50 中的电感传感器检测出传感器端面与被研磨工件圆柱面之间的位移变化，它反映了工件的直径 D 变化，位移转换为电压信号 U_D，经信号调理电路（如放大）送入计算机。计算机对反映工件直径大小的输入电压 U_0 进行采集、运算、分析、比较、判断，显示测量结果，同时计算机发出控制信号驱动伺服电动机控制研磨盘的径向位移 x，直到工件加工到规定要求为止。

轴承滚柱分级实例中，电感测微器将滚柱直径信号转换为模拟电压信号输入计算机；零件磨削加工实例中，电感传感器将工件直径信号转换为模拟电压信号输入计算机。上述实例的模拟量输入系统组成可以用图 9-51 来表示。

计算机完成模拟电压的采集、处理、显示需要通过程序来实现。

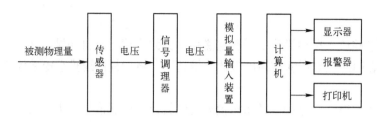

图 9-51　计算机模拟量输入系统组成框图

下面通过实验，采用研华公司 PCI-1710HG 数据采集卡作为模拟量输入装置，使用 LabVIEW 编写 PC 端虚拟仪器程序实现模拟电压的采集和处理。

二、实验线路

PC 与 PCI-1710HG 数据采集卡组成的电压采集实验线路如图 9-52 所示。

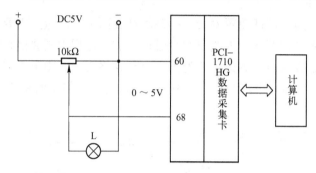

图 9-52　PC 与 PCI-1710HG 数据采集卡组成的电压采集实验线路

图 9-52 中，将直流 5V 电压接到一电位器两端，通过电位器产生一个模拟变化电压（范围是 0～5V），送入 PCI-1710HG 数据采集卡模拟量输入 0 通道（68 端点是 AI0，60 端点是 AIGND），同时在电位器电压输出端接一信号指示灯 L。

也可在模拟量输入 0 通道接稳压电源提供的 0 ～ 5V 电压。

本实验用到的硬件包括：PCI-1710HG 数据采集卡，PCL-10168 数据线缆、ADAM-3968 接线端子（使用模拟量输入 AI0 通道）、电位器（10kΩ）、指示灯（DC 5V）、直流电源（输出 DC 5V）等。

在进行 LabVIEW 编程之前，首先须安装研华板卡 LabVIEW 驱动程序，安装研华公司的 LabVIEW 函数库。

三、设计任务

采用 LabVIEW 语言编写程序实现 PC 与 PCI-1710HG 数据采集卡模拟电压输入。

任务要求如下：PC 以间隔或连续方式读取电压测量值（0～5V），并以数值或曲线形式显示电压变化值；当测量电压小于或大于设定下限或上限值时，PC 程序界面中相应指示灯变换颜色。

四、任务实现

1．设计程序前面板

1）为了显示测量电压值，添加 1 个数值显示控件，标签改为"当前电压值："。

2）为了显示电压变化情况，添加 1 个波形图表控件，标签改为"实时电压曲线"，将 Y

轴标尺范围改为 0.0~5.0。

3）为了显示电压超限状态，添加两个圆形指示灯控件，将标签分别改为"上限指示灯:"、"下限指示灯:"。

4）为了关闭程序，添加 1 个停止按钮控件。

设计的程序前面板如图 9-53 所示。

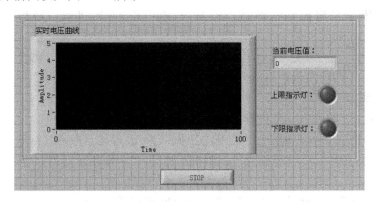

图 9-53　程序前面板

2．程序框图设计

1）添加选择设备函数：函数→用户库→Advantech DA&C→EASYIO→SelectPOP→SelectDevicePop.vi。

2）添加打开设备函数：函数→用户库→Advantech DA&C→ADVANCE→DeviceManager→DeviceOpen.vi。

3）添加选择通道函数：函数→用户库→Advantech DA&C→EASYIO→SelectPOP→SelectChannelPop.vi。

4）添加模拟量配置函数：函数→用户库→Advantech DA&C→ADVANCE→SlowAI→AIConfig.vi。

5）添加选择增益函数：函数→用户库→Advantech DA&C→EASYIO→SelectGainPop.vi。

6）添加 1 个"捆绑"簇函数；添加 1 个"按名称解除捆绑"簇函数。

7）添加关闭设备函数：函数→用户库→Advantech DA&C→ADVANCE→DeviceManager→DeviceClose.vi。

8）将 SelectDevicePop.vi 函数的输出端口"DevNum"与 DeviceOpen.vi 函数的输入端口"DevNum"相连。

9）将 DeviceOpen.vi 函数的输出端口"DevHandle"与 SelectChannelPop.vi 函数的输入端口"DevHandle"相连。

10）将 SelectChannelPop.vi 函数的输出端口"DevHandle"与 AIConfig.vi 函数的输入端口"DevHandle"相连；将其输出端口"Gain List"与 SelectGainPop.vi 函数的输入端口"Gain List"相连；将其输出端口"ChanInfo"与按名称解除捆绑函数的输入端口"输入簇"相连。

11）将按名称解除捆绑函数的输出端口"通道"与捆绑函数的一个输入端口"簇元素"相连；将 SelectGainPop.vi 函数的输出端口"GainCode"与捆绑函数的另一个输入端口"簇

元素"相连。

12）将捆绑函数的输出端口"输出簇"与 AIConfig.vi 函数的输入端口"Chan & Gain"相连。

13）添加 1 个 While 循环结构。

以下添加的函数或结构放置在 While 循环结构框架中：

14）添加模拟量电压输入函数：函数→用户库→Advantech DA&C→ADVANCE→SlowAI→AIVoltageIn.vi。

15）添加 1 个"小于等于?"比较函数；添加 1 个 "大于等于?" 比较函数。

16）添加 3 个数值常量，将值分别改为"0.5"（下限电压值）、"3.5"（上限电压值）和"500"（采样频率）。

17）添加 1 个"等待下一个整数倍毫秒"定时函数。

18）将数字显示控件（标签为"当前电压值："）、波形显示控件（标签为"实时电压曲线"）、2 个指示灯控件（标签分别为"上限指示灯："、"下限指示灯："）、停止按钮控件从外拖入循环结构中。

19）将 AIConfig.vi 函数的输出端口"DevHandle"与 AIVoltageIn.vi 函数的输入端口"DevHandle"相连；将 AIVoltageIn.vi 函数的输出端口"DevHandle"与 DeviceClose.vi 函数的输入端口"DevHandle"相连。

20）将 AIVoltageIn.vi 函数的输出端口"Voltage"与数字显示控件（标签为"当前电压值："）相连；再与波形显示控件（标签为"实时电压曲线"）相连；再与"小于等于?"函数的输入端口"x"相连；再与"大于等于?"函数的输入端口"x"相连。

21）将数值常量（值为"0.5"，下限电压值）与"小于等于?"函数的输入端口"y"相连；将数值常量（值为"3.5"，上限电压值）与"大于等于?"函数的输入端口"y"相连。

22）将"小于等于?"函数的输出端口"x <= y?"与 "下限指示灯："控件相连；将"大于等于?"函数的输出端口"x >= y?"与 "上限指示灯"控件相连。

23）将数值常量（值为"500"，时钟周期）与等待下一个整数倍毫秒函数的输入端口"毫秒倍数"相连。

24）将停止按钮与循环结构的条件端子相连。

设计的程序框图如图 9-54 所示。

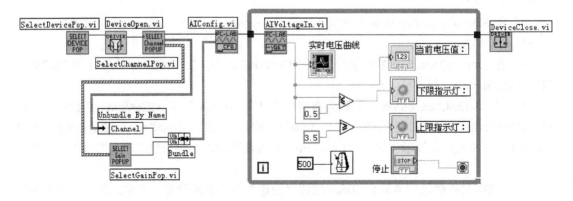

图 9-54　程序框图

3．运行程序

单击快捷工具栏"运行"按钮，运行程序。

运行"SelectDevicePop.vi"子程序，选择研华板卡设备 PCI-1710HG。

运行"SelectChannelPop.vi"子程序，选择板卡通道号，如 0 通道。

运行"SelectGainPop.vi"子程序，选择板卡模拟电压输入范围，如±5V。

硬件设备设置完成，程序开始运行。

改变模拟量输入 0 通道输入电压值（0～5V），连续单击程序界面中"间断采集" 按钮或单击一次"连续采集"按钮，程序窗体中文本对象中的数字、图形控件中的曲线都将随输入电压变化而变化。当测量电压小于或大于设定下限电压值（0.5V）或上限电压值（3.5V）时，程序界面中相应指示灯由绿色变为红色。

程序运行界面如图 9-55 所示。

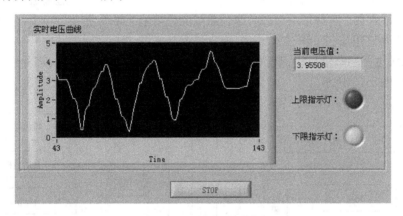

图 9-55　程序运行界面

实例 42　研华数据采集卡数字量输出

一、应用背景

1．高速公路 ETC

（1）ETC 概述

实施不停车收费，允许车辆高速通过，可大大提高公路的通行能力；公路收费走向电子化，可降低收费管理的成本，有利于提高车辆的营运效益；同时也可以大大降低收费口的噪声水平和废气排放。由于通行能力得到大幅度的提高，所以，可以缩小收费站的规模，节约基建费用和管理费用。另外，不停车收费系统对于城市来说，不仅仅是一项先进的收费技术，它还是一种通过经济杠杆进行交通流调节的切实有效的交通管理手段。对于交通繁忙的大桥、隧道，不停车收费系统可以避免月票制度和人工收费的众多弱点，有效提高这些市政设施的资金回收能力。

ETC 是指车辆通过路桥收费站不需停车而能交纳路桥费的电子收费系统。ETC 系统专用车道是给那些装了 ETC 车载器的车辆使用的，采用电子收费方式，图 9-56 所示是 ETC 专用车道示意图。

图 9-56 ETC 专用车道示意图

ETC 系统每车收费耗时短，通道的通行能力是人工收费通道的 5～10 倍，是目前世界上最先进的路桥收费系统，是智能交通系统的服务功能之一，过往车辆通过道口时无须停车，即能够实现自动收费。它特别适于在高速公路或交通繁忙的路段使用。

（2）ETC 系统组成与工作过程

ETC 系统主要由车辆自动识别系统、中心管理系统和辅助设施三大部分组成。ETC 系统组成框图如图 9-57 所示。

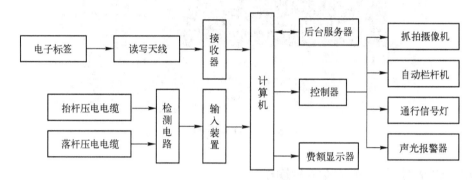

图 9-57 ETC 系统组成框图

车辆自动识别系统有电子标签（IC 卡）、读写天线、车辆检测压电电缆等组成。电子标签中存有车辆的识别信息，一般安装于车辆前面的挡风玻璃上，读写天线安装于收费站旁边，压电电缆安装于车道地面下。

中心管理系统计算机有大型的数据库，存储大量注册车辆和用户的信息；并利用计算机联网技术与银行服务器进行后台结算处理。

辅助设施包括抓拍摄像机、自动栏杆机、通行信号灯、声光报警器和费额显示器等。

ETC 系统工作过程：

1）车辆进入 ETC 车道，压上抬杆压电电缆，车辆进入通信范围，抓拍摄像机拍摄车辆和号牌。

2）安装在车辆挡风玻璃上的车载电子标签（IC 卡）与安装在 ETC 车道边的读写天线进行无线通信和信息交换，并将信息传送给管理计算机，计算机读取 IC 卡中存放的有关车辆的固有信息（如 ID 号、车型、车主、车牌号等），判别车辆是否有效，如有效则进行交易，计算机收费管理软件从该车的预付款项账户中扣除此次应交的过路费。若车辆无效则报警，栏杆不抬升封闭车道，直到车辆离开压电电缆。

3）如交易完成，管理计算机发送指令控制自动栏杆机抬升栏杆，通行信号灯变绿，费额显示器上显示交易金额。

4）车辆通过落杆压电电缆后，计算机发送指令控制栏杆回落，通行信号灯变红，系统等待下一辆车进入。

2．机械手臂定位控制

（1）机械手臂概述

机械手臂是机器人技术领域中得到最广泛实际应用的自动化机械装置，在工业制造、医学治疗、娱乐服务、军事、半导体制造以及太空探索等领域都能见到它的身影。

尽管它们的形态各有不同，但它们都有一个共同的特点，就是能够接受指令，精确地定位到三维（或二维）空间上的某一点进行作业。

手臂由以下几部分组成：

1）运动元件。如油缸、气缸、齿条、凸轮等是驱动手臂运动的部件。

2）导向装置。是保证手臂的正确方向及承受由于工件的重量所产生的弯曲和扭转的力矩。

3）手臂。起着连接和承受外力的作用。手臂上的零部件，如油缸、导向杆、控制件等都安装在手臂上。

此外，根据机械手运动和工作的要求，管路、冷却装置、行程定位装置和自动检测装置等，一般也都装在手臂上。图9-58所示是某机械手臂产品图。

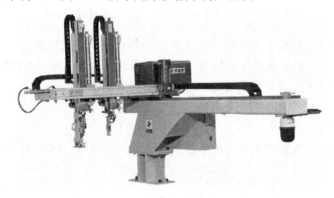

图9-58　某机械手臂产品图

手臂的结构、工作范围、承载能力和动作精度都直接影响机械手的工作性能。

手臂的基本作用是将手爪移动到所需位置。因此需要对机械手臂进行定位控制。

（2）机械手臂定位控制系统

某机械手臂定位控制系统主要由接近开关、检测电路、输入装置、输出装置、驱动电路、电动机和计算机等部分组成，如图9-59所示。

机械手臂在电动机带动下沿着导轨向右平行移动，当移动到停止位处，电感接近开关感应到机械手臂靠近，产生开关信号，由检测电路检测到，经输入装置送入计算机显示、判断，计算机发出控制指令，由输出装置输出开关控制信号，驱动电动机停止转动，机械手臂停止移动。

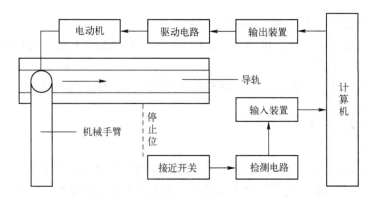

图 9-59　机械手臂定位控制系统结构示意图

上述实例中，有一个共同点，即高速公路 ETC 系统中，计算机发出控制指令经控制器输出开关信号控制栏杆机、信号灯、摄像机工作；机械手臂定位控制系统中，计算机输出开关信号控制电动机运转。上述开关（数字）量输出系统都可以用图 9-60 来表示。

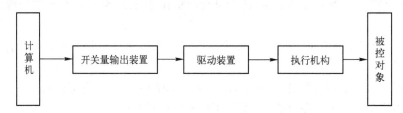

图 9-60　计算机开关（数字）量输出系统组成框图

计算机根据程序设定或条件判断，形成开关控制指令，通过开关（数字）量输出装置输出控制信号，再由驱动装置变换控制信号，驱动执行机构动作，实现对被控对象的控制。

下面通过实验，采用研华公司 PCI1710HG 数据采集卡作为开关（数字）量输出装置，使用 LabVIEW 编写 PC 端虚拟仪器程序实现开关量输出控制。

二、实验线路

PC 与 PCI1710HG 数据采集卡组成的数字量输出实验线路如图 9-61 所示。

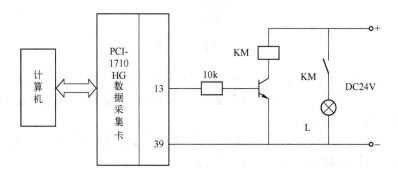

图 9-61　PC 与数据采集卡组成的数字量输出实验线路

图 9-61 中，PCI-1710HG 数据采集卡数字量输出 1 通道（引脚 13 和 39）接晶体管基极，当计算机输出控制信号置 13 脚为高电平时，晶体管导通，继电器常开开关 KM 闭

合，指示灯 L 亮；当置 13 引脚为低电平时，晶体管截止，继电器常开开关 KM 打开，指示灯 L 灭。

也可使用万用表直接测量各数字量输出通道与数字地（如 DO1 与 DGND）之间的输出电压（高电平或低电平）来判断数字量输出状态。

本实验用到的硬件包括 PCI-1710HG 数据采集卡、PCL-10168 数据线缆、ADAM-3968 接线端子（使用数字量输出 DO 通道）、继电器（DC 24V）、指示灯（DC 24V）、直流电源（输出 DC 24V）、电阻（10kΩ）、晶体管等。

在进行 LabVIEW 编程之前，首先须安装研华板卡 LabVIEW 驱动程序，安装研华公司的 LabVIEW 函数库。

三、设计任务

采用 LabVIEW 语言编写程序实现 PC 与 PCI-1710HG 数据采集卡数字信号输出。

任务要求如下：在程序界面中执行"打开"/"关闭"命令，界面中信号指示灯变换颜色，同时，线路中数字量输出口输出高低电平。

四、任务实现

1. 设计程序前面板

1）为了输出数字信号，添加 1 个垂直滑动杆开关控件，将标签改为"开关"。

2）为了显示数字输出信号状态，添加 1 个圆形指示灯控件，标签改为"指示灯"。

3）为了关闭程序，添加 1 个停止按钮控件。

用画线工具将指示灯控件、开关控件等连接起来。

设计的程序前面板如图 9-62 所示。

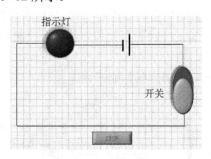

图 9-62　程序前面板

2. 程序框图设计

1）添加选择设备函数：函数→用户库→Advantech DA&C→EASYIO→SelectPOP→SelectDevicePop.vi。

2）添加打开设备函数：函数→用户库→Advantech DA&C→ADVANCE→DeviceManager→DeviceOpen.vi。

3）添加关闭设备函数：函数→用户库→ADVANCE→DeviceManager→DeviceClose.vi。

4）添加 1 个 While 循环结构。

以下添加的函数或结构放置在 While 循环结构框架中。

5）添加写端口位函数：函数→用户库→Advantech DA&C→ADVANCE→SlowDIO→DIOWriteBit.vi。

6）添加 4 个数值常量，值分别为设备号"0"、DO 通道号"1"、比较量"0"和时钟周期值"200"。

7）从布尔子选板添加 1 个"布尔值至（0，1）"转换函数。

8）添加 1 个"等于?" 比较函数。

9）添加 1 个"等待下一个整数倍毫秒"定时函数。

10）分别将垂直滑动杆开关控件、指示灯控件、停止按钮控件从外拖入循环结构中。

11）将函数 SelectDevicePop.vi 的输出端口"DevNum"与函数 DeviceOpen.vi 的输入端口"DevNum"相连。

12）将函数 DeviceOpen.vi 的输出端口"DevHandle"与函数 DIOWriteBit.vi 的输入端口"DevHandle"相连。

13）将数值常量（值为 0，设备号）与函数 DIOWriteBit.vi 的输入端口"Port"相连。

14）将数值常量（值为 1，通道号）与函数 DIOWriteBit.vi 的输入端口"BitPos"相连。

15）将函数 DIOWriteBit.vi 的输出端口"DevHandle"与函数 DeviceClose.vi 的输入端口"DevHandle"相连。

16）将开关控件（标签为"开关"）与布尔值至（0，1）转换函数的输入端口"布尔"相连。

17）将布尔值至（0，1）转换函数的输出端口"（0，1）"与函数 DIOWriteBit.vi 的输入端口"State"相连；再与 "等于?" 比较函数的输入端口"x"相连。

18）将数值常量（值为 0）与"等于?" 比较函数的输入端口"y"相连。

19）将"等于?" 比较函数的输出端口"x = y?"与指示灯控件相连。

20）将数值常量（值为 200，时钟周期）与等待下一个整数倍毫秒函数的输入端口"毫秒倍数"相连。

21）将停止按钮控件与循环结构的条件端子相连。

设计好的程序框图如图 9-63 所示。

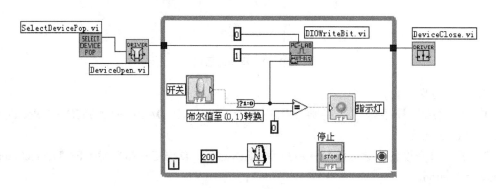

图 9-63　程序框图

3．运行程序

单击快捷工具栏"运行"按钮，运行程序。

运行"SelectDevicePop.vi"子程序，选择研华板卡设备 PCI-1710HG。

用鼠标推动程序界面中开关，界面中指示灯亮/灭（颜色改变），同时，线路中数字量输出通道输出高/低电平。

程序运行界面如图 9-64 所示。

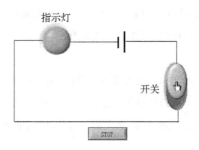

图 9-64　程序运行界面

参 考 文 献

[1] 李江全，等. LabVIEW 虚拟仪器从入门到测控应用 130 例[M]. 北京：电子工业出版社，2013.

[2] 周晓东，胡仁喜，等. LabVIEW 2015 中文版虚拟仪器从入门到精通[M]. 北京：机械工业出版社，2016.

[3] 王超，王敏，等. LabVIEW 2015 虚拟仪器程序设计[M]. 北京：机械工业出版社，2016.

[4] 郑对元，等. 精通 LabVIEW 虚拟仪器程序设计[M]. 北京：清华大学版社，2012.

[5] 李江全，刘思博，胡蓉，等. LabVIEW 数据采集与串口通信测控应用实战[M]. 北京：人民邮电出版社，2010.

[6] 龙华伟，顾永刚. LabVIEW 8.2.1 与 DAQ 数据采集[M]. 北京：清华大学出版社，2008.

[7] 李江全. 计算机测控系统设计与编程实现[M]. 北京：电子工业出版社，2008.